水圏の
放射能汚染
福島の水産業復興をめざして

黒倉 寿 編

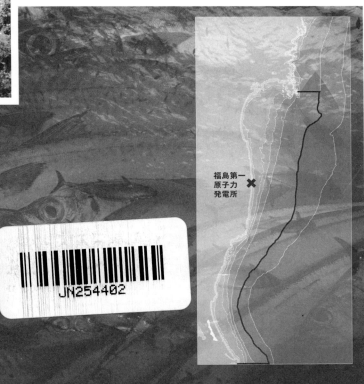

福島第一
原子力
発電所 ✖

JN254402

恒星社厚生閣

序に代えて（執筆依頼状）

執筆者各位殿

　拝啓，突然執筆の依頼を差し上げます失礼お許し下さい．科学論文・御著書・ネット情報などを通じて，震災復興取り分けて原発事故による影響とその後の回復に関わる，先生の調査御研究・広報活動に接するたびに，農学の研究者として，また，日本国民として，尊敬とともに感謝いたしております．

　この度，企画しましたのは，水圏特に海洋の放射能汚染と福島の水産業の復興に関する情報提供を目的とした，一般向けの解説書です．先生に，是非，この中の一章の執筆をご担当いただきたいと思いこの依頼状を差し上げる次第です．

　本企画は，元東京大学大学院農学生命科学研究科・研究科長・會田勝美先生の発案によるもので，恒星社厚生閣のご協力によって編集出版作業が進められます．會田先生からのお薦めで，私が本企画の編集をさせていただくことになりました．放射能の専門家あるいは環境汚染の専門家でも海洋学・生態学の専門家でもない私が編集をお引き受けすることについて，不適任とのご批判をいただくことは重々承知しています．また，そのようなご批判は的を射たものであると自覚しております．その上で，なお，この重責をお引き受けしたことについては，個人的な背景があります．私事にわたる部分もありますが，編集方針とも関わることですので説明いたします．

　2011 年東日本大震災発生の時点で，私は日本水産学会政策委員会委員長を拝命しておりました．震災以前から，社会に対する「学」の貢献が問題になる昨今の情勢の中で，さまざまな学会で関連する社会問題に対する積極的な発言の必要が唱えられていましたが，実際には学会の動きに対する社会の関心は決して高いとは言えませんでした．私のような浅学非才にしても，大した問題が生じなければ無事に任期を終えることも可能だろうという浅はかな考えで，この任をお引き受けしていたのですが，2011 年 3 月 11 日に発生した東日本大震災はまさに予想だにしない出来事でした．津波および原発事故の被災地の多くは，沿岸の漁業都市，漁業集落でした．「水産学」はこの時，現実に起きた未曾有の大惨事に対して「学」は何をなし得るのかという問いに答えなければならなくなっ

たのです．自らの存在意義を問われたこの時点で，まったくの素人が日本水産学会の政策委員長であったということは，「水産学」の不運といえましょう．そうした中にあっても，多くの水産研究者が，自らの専門性を活かして震災による影響を評価し，復興に貢献する道を模索しました．長崎大学の萩原篤士氏は，震災直後，放射性物質の降下量も定かでない中，練習船長崎丸を率いて，ガレキ漂う海の中を，女川，宮古に救援物質を輸送し，直接目で見た現地の状況を全国の水産研究者に伝えました．鹿児島大学の小山次郎氏は，震災で海に流れ込んだ各種の汚染物質による汚染状況を調査し，九州大学の大島雄二氏は，海岸の生物を使って，沿岸帯の放射性物質による汚染状況を調査し，東京大学の金子豊二氏は，魚類のセシウムの代謝を調べ，良永知義氏は，被災地への養殖種苗の外部からの導入がもたらす疾病拡大の危険性を警告し，東北大学の佐藤実氏は，東北大学に設置された水産学会の支援拠点を運営して現地における調査活動・復興支援活動を支援し，北里大学ではほぼ全員の教員が，何らかの形で，三陸沿岸の津波の影響調査や復興のための技術提供を行い，北海道大学は，水産海洋学会会長であった桜井泰憲氏を中心に東北の水産関係者を支援するとともに，共同で調査・研究活動を行いました．とりわけ，東京海洋大学の神田穣太，石丸隆の両氏は海水・海洋生物の放射性物質の汚染調査を原発事故直後から今に至るまで，自らの研究を投げ打って，ほとんど専従で行っています．また，水産総合研究センターでは，森田貴己氏が，水産物・海洋の放射性物質汚染の調査を極めて高い密度で継続的に行ってきました．私は，こうした，先輩・同僚の水産研究者の方々のご努力を尊敬し，同じ水産研究者として誇りに思うとともに，国民の一人として深く感謝しております．しかし，水産学全体として被災地の復興に何を成し得るのかと問われると，隔靴掻痒の感があり，水産学は何をしているのだというお叱りの声も聞こえてきます．私は，こうした批判を受けるべき立場にいる者の一人だと自覚しています．

　震災の時点で，水産学会の政策委員会委員長であった私は，日本農学会が組織した，震災対策・放射能汚染対策のワーキンググループのメンバーに加えていただくことになりました．2011年の4月に組織された，このワーキンググループは，2011年秋に，除染方法を含む放射能汚染問題に対する提言を発表していますが，この中には，海洋汚染や水産物に対する項目は含まれていません．ワーキンググループを取りまとめていた三輪睿太郎先生から，海洋の放射能汚染問題について提言案を提出するようにとの再三の督促があったにもかかわらず，私

がそれに応えられなかったためです．海洋や水産物の放射能汚染については，その時点でもすでに多くの測定データーが公表されていました．また，平均的には海水や水産物の汚染も低減していく様子がうかがえました．しかし，突発的に，高い放射性セシウム濃度をもつ水産生物の測定事例も報告されており，その原因も明確ではありませんでした．海は様々な汚染物質が流れ込んでくる場所であり，その流入を海側では止めることができません．海水は流動しており，広大な海の水を除染することなど不可能です．つまり，陸上から突発的にいつどのような形で汚染がもたらされるか分からず，水産業および水産学は極めて受身の立場に立たされました．もちろん，流動や拡散のモデルを使って，海にもたらされた汚染物質がどのような消長を描くのかをシミュレートすることはできたでしょうが，モニタリングの継続以外に，時間的な見通しを含む有効な対応策を提言することなどできません．漁業者は今回の汚染事故については被害者です．国民全体が被害者であるということを否定するつもりはありませんが，安全率を過剰に考慮して見通しを語れば，被害者である漁業者の足を引っ張ることにもなりかねません．有効かつ妥当な提言などできないというのが当時の心境でした．そうした中で，ズルズルと時間が経ち，農学会からの提言には水産関係が含まれないという結果になりました．

　あれから2年が経ち，水産物の放射能汚染には明らかな減少が見られます．福島第一原発周辺からの汚染水の流入はあるものの，陸上に降下した放射性物質が，突発的に多量に海に流入するということもなさそうです．こうした中で，NHKブックスから，中西友子先生著「土壌汚染　フクシマの放射性物質のゆくえ」が出版されました．しかし，タイトルから分かるように「水圏汚染」は除かれています．この本には，東京大学大学院農学生命科学研究科の研究者を中心として，福島の原発事故以後に行われた多くの研究者による現状把握のための調査・除染のための研究が紹介されています．この本は名著であると私は感じました．とりわけ，研究の進展・現状の説明をしながら，なお，わからないことはわからないとして紹介している点に勇気づけられました．平易でわかりやすい言葉で書かれているものの，全体としてわかりやすい結論にはなっていない．この点を私は高く評価しています．原発事故直後から現在に至るまで，マスコミを中心に社会は，わかりやすい「科学的」な解説を求めてきたように思います．科学の基盤になっているのは経験です．あの規模での原発事故は我が国が初めて経験したものです．化学的にも，生物学的にも，生態学的にも初めて経験する

多くのわからないものを含んでいました．わからないものはわかりやすく説明しようがない．私たちは，多くの不確実性・わからないことを前提に判断することを迫られたと言えましょう．もちろん，今でもわからないことは多く，不確実性がなくなったわけではありません．その一方で，私たちは，リスクを含む不確実性の中で判断する習慣を身につけつつあるように思います．震災直後のワーキンググループとしての作業の中で，水産学としての情報を取りまとめてそれを要約して提言するという作業を私にためらわせたものは，科学者にわかりやすく科学的な情報を取りまとめてもらいたいという社会の要望でした．それはあたかも，不安に怯えながらも下した判断に，「科学」という御札を貼って安心したいという思いのように私には思えました．そのような社会心理状態の中では，不確実性データーは恣意的に解釈されて，わかりやすい「結論」に単純化されてしまいます．そうした単純化を避けるために，時空間的なデーターの変動を記述したり，確率的な表現を用いると「わかりにくい解説」として，社会はともかくもマスコミは拒否してしまいます．とどのつまり，「結論」が，自らの願望を支持するか否かで，データーを提供している科学者を自分の願望に照らしてポジティブあるいはネガティブに評価します．そんな状態で，情報を提供しても，その情報は有効に使われず，時には悪用されることさえありえます．そのようなことが起きれば，情報提供していただいた科学者にも迷惑をかけかねません．私のためらいはそこにありました．

中西先生のご高著は，「既に人々は不確実性のなかに生きている実感を十分に持っている．今ならば，わかっていること，わからないことを含めて，情報を提供すれば，社会はそれをしっかりと受け止めて，有効に役立ててくれる」と語っているように思えるのです．思えば，私たちは不確実性を前提として多くの判断を行って日常生活を送っています．通勤するにも，買い物をするにも，家庭でくつろいでいる時でさえ，確率的に0でない多くのリスクを背負って何かをしています．確かに，放射性物質による汚染は，その有害性が顕在化すれば，より広範囲に大きな被害を及ぼします．しかし，個人の生き方，判断のレベルでは，不確実性を前提として判断するという構造は同じです．時間的にも空間的にも，影響の範囲は比べ物なく大きく，深刻で重い判断をしなければなりませんが，科学というお札を貼るのではなくて，情報を受け止めて，それを自らの判断に生かしていくそういう練習を積み上げたように思えるのです．

個人としても，社会としても，不確実性の中で判断すべきことは数多くあり

ます．水産関係では，福島の漁業をどのような手順で復活させていくのか，それを他地域の漁業者や流通の関係者，消費者はどのように受けいれていくのか，そのような過程を段階的に進めていくことになるのでしょうが，その都度，社会は判断を迫られ，合意を形成していかなくてはなりません．それにはやはり科学的情報が必要です．100％安全かそうでないかという議論ではない．何が正しいかというイデオロギー論争でもない．願望の表明でもない．福島の漁業者が生活と生業を取り戻すためには，具体的にどのような手順・手続きが必要なのかをデーターにもとづいて科学的かつ具体的に考えなければならないでしょう．

　私は，2年前に出来なかったことを，今やらなければならないと考えています．それがこの本（水圏の放射能汚染　福島の水産業復興をめざして）の出版です．具体的な内容としては，放射能とは何か，海洋における放射性物質の挙動，水産動物の放射性物質の代謝，海洋及び水産物の汚染状況（時空間的変動），海洋における放射性物質の拡散シミュレーション，震災前後の福島の漁業実態，福島の漁業再開のために必要な合意形成とそのために必要となる具体的な手続き，不確実性を前提とした判断と合意形成のありかたについて，解説していただきたい．分かるように書いていただくようにお願いいたしますが，「わかりやすく」書いていただく必要はありません．わからないものはわからないと，そのまま書いていただいて結構です．そうした不確実性を含みながら，判断し合意していくために，どのような問題があるのかを理解するための科学的な情報提供です．是非，ご協力を賜るようお願い申し上げます．出版の趣旨をご理解の上，執筆をお引き受けいただければ幸甚に存じます．　　　　　　　　　　　　　　　　　　　　敬具

　　2014年8月

　　　　　　　　　　　　　　　　　　　　　　　　　　　　黒倉　寿

編者・執筆者一覧（五十音順）

編　者
黒倉　　寿　　1950 年生，東京大学大学院（農・博）修了.
　　　　　　　現在，東京大学大学院農学生命科学研究科教授.

執筆者
梶　　圭佑　　1990 年生.
　　　　　　　現在，横浜国立大学大学院環境情報学府修士課程在学中.

金子豊二　　　1956 年生，東京大学大学院（農・博）修了.
　　　　　　　現在，東京大学大学院農学生命科学研究科教授.

神田穣太　　　1959 年生，東京大学大学院（理・博）修了.
　　　　　　　現在，東京海洋大学大学院海洋科学技術研究科教授.

田野井慶太朗　1976 年生，東京大学大学院（農・博）中退.
　　　　　　　現在，東京大学大学院農学生命科学研究科准教授.

津旨大輔　　　1967 年生，東北大学大学院（工・博）修了.
　　　　　　　現在，一般財団法人電力中央研究所環境科学研究所上席研究員.

松田裕之　　　1957 年生，京都大学大学院（理・博）修了.
　　　　　　　現在，横浜国立大学大学院教授.

森田貴己　　　1969 年生，京都大学農学部（水産学科）卒.
　　　　　　　現在，（独）水産総合研究センター中央水産研究所　海洋・生態系
　　　　　　　研究センター放射能調査グループ長.

八木信行　　　1962 年生，ペンシルバニア大学大学院（経営・修）修了.
　　　　　　　現在，東京大学大学院農学生命科学研究科准教授.

渡邊壮一　　　1980 年生，東京大学大学院（農・博）修了.
　　　　　　　現在，東京大学大学院農学生命科学研究科助教.

水圏の放射能汚染　福島の水産業復興をめざして　目次

『水圏の放射能汚染』正誤表

本書に下記の通り誤りがございました。お詫びして訂正いたします。

箇所	誤	正
23頁下から6〜5行目	実効線量係数は 2.8×10^{-9}（mSv/Bq）	実効線量係数は 2.8×10^{-6}（mSv/Bq）
23頁下から4行目	1/500 程度の値です。	1/5 程度の値です。
23頁下から3行目	非常に低いことがわかります。	低いことがわかります。

2015/3/20　現在

● 1章

放射能とは何か

―――――――― 田野井慶太朗

　本章では，2011年3月の東日本大震災に伴う東京電力福島第一原子力発電所(以下，福島第一原発) 事故により海洋に放出された放射性物質を念頭に，放射線に関する基本情報について説明したいと思います．具体的には，放射性物質，放射性核種，放射線の種類および放射線被曝などの用語の説明や考え方について記載します．

　「放射能」ということばはよく使われます．「放射能が漏れた」「高い放射能」「放射能がある物質」と様々表現方法があります．これらの意味するところは曖昧ですが，主に2つの意味で使われています．「放射線を発する能力」と「放射線を発する能力の強さ」の2つです．1つ目の意味での用法は，「この物質には放射能がある」といった具合に，能力そのものに言及する場合に用いられます．2つ目の意味である「能力の強さ」とは，人体への影響の大小，すなわち被曝の多少が念頭にある考えだと思います．例を挙げますと，「このあたりは放射能が強い」という表現は，「このあたりは被曝量が多くなる状況下にある」ことを指していると言えるでしょう．この意味で用いられる場合には，発せられる放射線のエネルギーの強さや，単位時間あたりの放射線の放出数をまとめて表しています．このように放射能という用語には様々な概念が含まれていますが，ベクレル（Bq），グレイ（Gy），シーベルト（Sv）などの用語を理解することで，放射能が表す漠然としたものを明確に分けて考えることができます．本章では，放射性物質や放射線に関して，関連用語の解説とともに論じたいと思います．

1・1　放射性物質

　放射性物質とは放射線を放出する物質全般を指す用語です．放射性物質について説明するために，ここでは，陽子や中性子，軌道電子といった粒子や，同位体，核種（人工核種・天然核種)，崩壊，核分裂，臨界，半減期といった用語について解説します．

1）原子

　原子は化学的な反応を考える上での物質の最小単位です．原子は，プラスの電荷をもつ原子核とマイナスの電荷をもつ電子から構成されています．我々が住む環境においては，原子が単独で存在していることはほとんどなく，通常は複数の原子が化学的に結びついた分子として，もしくは結晶として存在します．原子が単独で存在する数少ない例としては，希ガスが挙げられます．希ガスとは元素周期表[注1]の一番右側に位置するヘリウム（He），ネオン（Ne），アルゴン（Ar），クリプトン（Kr），キセノン（Xe），ラドン（Rn），といった元素を指します．これらの元素は非常に安定しているため，他の分子などと化学的な反応をすることなく，単独で存在することができます．放射性物質であるキセノン133（^{133}Xe：半減期約5日）は原子力関連で注目されます．というのも，キセノン133（^{133}Xe）は原子炉事故や核実験時にいち早く検出される核種で，福島第一原発事故はもちろん，地下核実験などにおいても大気中で検出可能なガスだからです．ラドン（Rn）については，ラドン温泉ということばを耳にしたことがある方も多いかと思います．ラドン（Rn）は天然に存在する放射性物質で，大気中のラドン222（^{222}Rn）は容易に呼気として体内に流入し肺に達します．ラドン222（^{222}Rn）はα線を放出するため，肺の細胞への影響も比較的多く，人体が自然から受ける被曝量のおよそ1/4を占めます．なお，ラドン（Rn）には他にも同位体[注2]がありますが，ラドン（Rn）は全て放射性です．

2）原子核，軌道電子，核種

　原子では，原子核が中心に存在し，その周りを軌道電子が飛び交っています．原子核と軌道電子の大きさに関するわかりやすい考え方があります．原子を野球場に見立てると，原子核はセカンドベースにおかれたパチンコ玉に相当するようです．いかに原子核が小さいものであるか理解できると思います．原子核は陽子と中性子からなります．陽子と中性子の重さはほぼ同じです．原子の化学的性質はプラスに荷電した陽子数で決まります．たとえば，陽子を6個もつ原子核からなる原子は，炭素という元素です．同じく原子核に存在する中性子は，その名の通り電気的に中性です．また，中性子の数はその原子の化学的性質に

[注1] 元素周期表：元素を電子配列の順番に従って，物理的・化学的性質が似たものが並ぶように配列した表．
[注2] 同位体：次項目参照

は影響を及ぼしません．よって，中性子の数がいずれであっても，陽子を 6 個もつものはすべて炭素という元素です．この時，これらをお互いに同位体であるといいます．この同位体間では化学的な性質はほとんど同じですが，中性子の数が違うので，重さが異なります．つまり，同じ炭素であっても，中性子が 6 個のものと 8 個のものでは，重さが中性子 2 個分だけ違うということになります．このように元素の中でも原子核の違いを分けて考える必要が出てきた場合に，核種という用語を用い，中性子と陽子を足した重量を元素記号の左肩に記載します．例として炭素の同位体を考えてみましょう．代表的な炭素（C）の同位体には，炭素 11（^{11}C），炭素 12（^{12}C），炭素 13（^{13}C），炭素 14（^{14}C）があります．これらの同位体の中性子数は，順に，5, 6, 7, 8 個です（陽子の数は炭素ですので 6 個です）．これら炭素の同位体の中で，炭素 12（^{12}C），炭素 13（^{13}C）は安定していて，未来永劫 ^{12}C，^{13}C のままです．この時，これらを安定同位体と言います．一方で，炭素 11（^{11}C），炭素 14（^{14}C）は不安定であることから，崩壊してより安定な核種になります．この原子核の現象を壊変といい，壊変の際に放射線を放出します．このことから炭素 11（^{11}C），炭素 14（^{14}C）といった核種を放射性同位体といいます．炭素 11（^{11}C）はポジトロンという放射線を放出するので，ポジトロン放出核種，炭素 14（^{14}C）はベータ線という種類の放射線を放出するので，ベータ核種と呼ばれます．

　化学的な反応のみを考える時には原子（元素）単位ですが，放射性物質の性質などを考える際には，核種単位で考える必要があります．

3）壊変（崩壊）とベクレル

　壊変とは，不安定な原子核が放射線を出すことでより安定な原子核に変化することや別な原子核へと変化することを言います．放射性壊変もしくは放射性崩壊とも言います．ある核種が α 線もしくは β 線を放出すると原子核の重さや電荷に変化が生じます．すなわち，別な核種に変化することになります．それぞれ，α 壊変（α 崩壊），β 壊変（β 崩壊）といいます．

　α 崩壊では中性子 2 個，陽子 2 個からなる α 粒子が放出されます．よって原子核の重さは 4 つ減少し，原子核の電荷は 2 つマイナスになります．

　β 崩壊では，重さは変化しませんが，原子核からマイナスに荷電した電子を 1 つ放出します．よって，原子核は 1 電荷分プラスになります．具体的には，原子核内にて，電気的に中性な中性子が，プラスの電荷をもつ陽子とマイナスの

電荷をもつ電子に分かれ，この電子が放出されます．この時，反ニュートリノという素粒子も放出します．なお，β^+壊変はβ壊変と逆の現象が生じています．つまり，1つの陽子が中性子に変化する際に，陽電子（e^+：ポジトロン）とともにニュートリノを放出します．

　同じく電子のやりとりによる壊変として，電子捕獲（EC:Electron Capture）という壊変があります．この崩壊では，原子核へ軌道電子が取り込まれます．その電子は，原子核内に入ると陽子と反応します．陽子はプラスに荷電し，電子はマイナスに荷電していますので，陽子と電子が反応することで電気的に中性になります．つまり陽子は中性子へと変化します．この反応ではニュートリノが放出されます．これら3つの壊変を式で表すと以下のようになります．

　　　β壊変（電子を放出）
　　　中性子→　陽子（プラスに荷電）＋電子（マイナスに荷電）＋
　　　　　　　反ニュートリノ

　　　β^+壊変（陽電子を放出）
　　　陽子（プラスに荷電）→　中性子＋陽電子（プラスに荷電）＋
　　　　　　　　　　　　　ニュートリノ

　　　EC壊変（電子を放出しない！）
　　　陽子（プラスに荷電）＋電子（マイナスに荷電）→中性子＋ニュートリノ

　以上の式を見ると，β^+壊変とEC壊変では，陽電子を放出するか電子を捕獲するか，といった違いのみであることがわかります．参考にナトリウム22（^{22}Na）という核種を紹介します．この核種は，およそ9割の確率でβ^+壊変を，およそ1割の確率でEC壊変をします．この2つの壊変は原子核の状態の変化がとても似ています．

　一方で，電磁波であるγ線を放出する場合には原子核の重さや電荷に変化は生じません．よって，γ壊変（γ崩壊）では，原子核はより安定な原子核に変わるのみとなります．

　α壊変やβ壊変ではα線やβ線を放出することで原子核が変化するのですが，壊変直後の原子核は不安定な状況にあります．原子核が不安定とは，原子核に

余分なエネルギーが存在する状態を示しています．この時，γ線を放出して安定な状態になります．この現象を専門用語で説明するならば，「壊変直後の励起状態の原子核は，γ線を放出することで基底状態に転移する」となります．この安定になろうという過程において，余分なエネルギーをγ線として放出する変わりに，余分なエネルギーを軌道電子にぶつけることがあり，その際にはその電子は放出されます．この電子を内部転換電子と言います．原子核の余分なエネルギーを受けてしまう軌道[注3]電子としては，原子核の近くを回っているK殻の電子が対象となりがちです．K殻の電子が放出されるとその外殻（L殻など）からK殻へと電子が供給されます．この時，外殻とK殻でエネルギーに差があることから，そのエネルギーをもった電磁波を放出します．これを特性X線といいます．なお，この特性X線は，元素ごとに，また殻ごとに決まっています．さて，特性X線を出すことで基底状態に落ち着くと説明しましたが，特性X線を出すかわりに，電子を放出することで安定になろうとする場合があります．この時に放出される電子をオージェ電子といいます．特性X線のエネルギーとオージェ電子のエネルギーはほぼ同じです．実は少しだけオージェ電子のエネルギーの方が低くなります．これは，電子はマイナスに，原子核はプラスに荷電しているため，飛んでいこうとするオージェ電子には原子核と引き合う力も発生しています（クーロンの法則）．いわば，後ろ髪を引かれるような力が存在しますので，このエネルギー

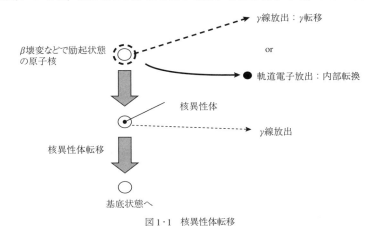

図1・1　核異性体転移

[注3] 原子核のまわりを運動する電子の軌道は確率的に表されるが，その軌道に収容できる電子の数と確率的に表される軌道の半径は決まっている．そのような軌道を電子殻と呼び，電子殻は原子核に近い方からK殻，L殻，M殻，N殻と呼ぶ．

分だけオージェ電子のエネルギーは少なくなるのです.

　壊変直後の原子核は励起状態であることを述べてきました. 核種によっては励起状態の原子核が不安定のまますぐに安定しない場合があります. この状態の核種を核異性体といい, mを付けて本来の核種と区別します (図1・1). 核異性体はやがて余分なエネルギーをγ線として放出することで基底状態に落ち着き, mがついていない核種表記となります. このように, 壊変後に励起状態がしばし続く核種が基底状態へと変化する壊変を, 核異性体転移と言います. 核異性体転移は一見γ壊変と似ているのですが, 励起状態の核異性体からの崩壊という点が, γ壊変とは異なります.

　これら, やや複雑な壊変を概説してきましたが, これらはセシウム137 (^{137}Cs) などの核種が放射線を出す際に実際に生じている現象です. 核種は壊変をする際に放射線を出します. つまり, ある核種は, 一度崩壊すると別な核種となり, 再度同じ壊変をしません. さらに, 一度の壊変で出てくる放射線は通常1本ではなく, さらに種類も1種類とは限りません. ベクレル (Bq) は放射能の量を表す単位で, 1ベクレルは, 1秒間に1つの核種が崩壊して別の核種になることを言います. 1ベクレルだからといって1つの放射線が飛んでくるわけではありません. また, ある核種の個数が半分になる時間を半減期と言います. 核種が半分になる, ということは, ベクレルも半分になります. よって, 半減期とは放射能 (ベクレル) が半分になる時間でもあります.

4) 核分裂反応・臨界

　壊変と同様に, 核分裂も原子核でのイベントです. 不安定な重い原子核が分裂して軽い原子核へと分かれる反応を核分裂反応と言います. 例えばウラン235 (^{235}U) は核分裂を起こしやすい核種で, 原子核に中性子1つが衝突すると核分裂します. その時に莫大なエネルギーを発するとともに2〜3個の中性子を放出します. この中性子が他のウラン235 (^{235}U) に衝突するとそこで核分裂反応が生じます. このように核分裂反応が次々と起こることを, 核分裂連鎖反応といい, 一定の割合で反応が保たれている状況を臨界状態といいます. この核分裂連鎖反応をコントロールして臨界状態を保つ目的で原子炉があります. 原子力発電所は, 核分裂時のエネルギーを熱として回収し電気を生産しています. この連鎖反応が加速度的に進み制御不能な状態になると, 原子炉は暴走し臨界事故が起こりうる状況となります.

1・2　様々な放射線

　ここでは，壊変などにより核種から放出される放射線の種類や性質について詳しく説明したいと思います.

1）電離放射線

　実は「放射線」とは省略された用語です．電離放射線が正式な呼び方です．この用語から読み取れるように，電離放射線とは，粒子が高速で運動しているもので，その運動で周囲の物質が電離するぐらいエネルギーが高いものを指します．電離とは，電荷の釣り合いがとれている物質をプラスもしくはマイナスの電荷をもつ状態にする作用を言います．例えば，蛍光灯の光は光子の運動ですが，エネルギーがそれほど高くありませんので，電離作用はありません．よって，蛍光灯の光は放射線ではありません．一方で，同じ光子の運動でも，レントゲン写真を撮像するときに用いられる X 線は電離作用があります．よって，X 線は放射線です.

　水に放射線が当たると，水を電離します．すなわち,

$$H_2O \quad \rightarrow \quad \cdot H_2O^+ \quad + \quad e^-$$

といったように，放射線が水分子から電子（e^-，マイナスに荷電）をたたき出すとともに，水分子はプラスの電荷を帯びる状況になります．この時，水分子からたたき出された電子は，もともと分子軌道上では 2 つで対になって収納されていたものです．電離されることで，この対になっていた電子のうち 1 つが迷子のような状況になっています．この電子を不対電子といい，不対電子をもつ分子をラジカルと言います．水の電離では，水がラジカルになります．このラジカルになった水分子はとても不安定で，この状態を一瞬でも保つことは困難です．そこで,

$$\cdot H_2O^+ \quad \rightarrow \quad H^+ \quad + \quad \cdot OH$$

という反応を主にたどって，・OH というラジカルを産出します．・OH はヒドロキシラジカルと呼ばれます．このように，物質を電離することができる「粒子の流れ」を電離放射線，省略して放射線と呼びます.

2）放射線の種類

放射線にはいくつか種類がありますが，ここでは主要な5つの放射線を解説したいと思います．アルファ線（α線），ベータ線（β（‾）線），ポジトロン線（β⁺線），ガンマ線（γ線），エックス線（X線）です．いずれも，何らかの粒子が電離作用をもつほどに強いエネルギーで運動します．なお，この場合のエネルギーとは運動エネルギーを指します．α線，β（‾）線，β⁺線，γ線は，放射性物質から出てくる放射線です．正確には，原子核から放出されるものを言います．一方で，X線とは軌道電子で発生する放射線です．

i）アルファ線（α線）

α線は放射性物質の原子核から放出される放射線の一種です．α粒子は，陽子2個と中性子2個が合体したもので，ヘリウムの原子核に相当します．このα粒子は，もちろん我々の生活環境から考えれば十分に小さい粒子なのですが，放射線の世界では大きな粒子です．その大きさ故，通り道に物質があるとすぐにぶつかって止まってしまいます．一般的には空気中において数ミリメートルも飛べません．ある物質中で放射線が進む距離を飛程といいます．つまり，α線の空気中の飛程は数ミリメートルであると表現できます．α粒子はその大きさ故，物質とぶつかると大きなエネルギーを与えますので，仮にも生体物質の中に入りますと大きな生物影響を与えます．一方で，体の外からやってくるα線は，衣服で止まり体まで到達しないので人体影響には問題ありません．

α線を出す主な核種としては，ウラン238（^{238}U），ウラン235（^{235}U），ラジウム226（^{226}Ra）やプルトニウム238, 239, 240, 242（^{238,239,240,242}Pu が挙げられます．

ii）ベータ線（β線もしくはβ‾線）

β線も放射性物質の原子核から放出される放射線であり，その実体は電子です．電子は，陽子や中性子の約1/1800の重さですので，α粒子が相対的にいかに巨大であるか，また電子がいかに小さいかおわかりになるかと思います．電子はマイナスに荷電していますので，β線を放出した放射性物質の原子核は，マイナスを1つ放出して1つプラスの状態になります．原子核内では，電荷をもたない中性子がプラスの電荷をもつ陽子に変化することで電子を放出します．

β線を放出する核種は実に多く存在します．原発事故関連では，ヨウ素131（^{131}I）やセシウム137（^{137}Cs），セシウム134（^{134}Cs），ストロンチウム89（^{89}Sr），ストロンチウム90（^{90}Sr）などがβ線を放出します．また，年代測定でよく利

用される炭素 14（^{14}C），研究でもよく利用される水素 3（トリチウム ^{3}H），リン 32（^{32}P），硫黄 35（^{35}S）なども β 線を放出します．これら核種から放出される β 線は，核種ごとに最大達しうるエネルギーは決まっていますが，1 本 1 本違ったエネルギーをもっています．つまり，β 線のエネルギーは一定ではありません．このことは，多くの核種が混ざった状態から出てくる β 線を測定しても，どの核種がどんな割合で存在するかを知ることを困難にしています．なお，β 線はアクリル板などで簡単に遮断されることから，β 線を検出する機器では，検出部位まで障害物がなるべくないような工夫がなされています．

iii）ポジトロン線（β$^+$線）

β 線で飛んでくる粒子は電子であることを紹介しました．一方，この β$^+$ 線で飛んでくる粒子は陽電子（ポジトロン）です．陽電子は，プラスに荷電しています．電子の反物質です．反物質とは，質量などが全く同じである一方，電荷などが全く逆の性質をもつ物質を言います．陽電子は電子と出会うことで消滅します．この時に，消滅した電子 2 個分の質量に相当するエネルギーが発生します．このエネルギーは 2 本の γ 線（次項目参照）として互いに約 180 度の方向に，つまりお互いに反対方向に放出されます．この γ 線は消滅 γ 線と呼ばれます．このような特異な性質をもつポジトロンは，主にがんの診断で用いられる PET（Positron Emission Tomography：ポジトロン断層法）で活躍しています．まず，がん細胞によく集まる化合物の一部に，ポジトロンを放出する核種（ポジトロン放出核種）を組み込んでおきます．その化合物を体内に入れてしばらく待機した後，その人を PET で撮像します．PET では，非常に多くの検出器が人を囲うように配置されています．人から出てきた消滅 γ 線は，互いに反対方向の検出器でほぼ同時に検出されます．この情報から，その 2 つの検出器を結んだどこかの地点にその化合物がある，つまりがんがあるということがわかります．

　ポジトロン線も β 線と同様にアクリル板で簡単に遮断されます．ポジトロン線をそのまま計測する，ということはあまりありません．ポジトロン線が電子とぶつかって消滅した際の消滅 γ 線は計測がしやすく，また消滅 γ 線のエネルギーは決まっている（0.511 MeV）ことから，ポジトロン放出核種を特定して定量することができます．

iv）ガンマ線（γ 線）

γ 線とは光と同じ電磁波です．粒子としては光子（フォトン）が飛んで来ます．

光子は質量がゼロとされています．γ線は物質相互作用が弱いため，物質中を通り抜けやすい放射線です．また，様々な核種が放出します．たとえば，セシウム137（^{137}Cs）やセシウム134（^{134}Cs），ヨウ素131（^{131}I）など原発事故で問題となる核種もγ線を出します．ある核種から出てくるγ線は，その核種特有のエネルギーをもっていますので，γ線のエネルギーを調べれば，どの核種が存在するかがわかります．これらの理由から，β線とγ線の両方を放出する核種を測定する際には，γ線の測定から核種を同定し定量することになります．先に挙げたセシウム137（^{137}Cs），セシウム134（^{134}Cs），ヨウ素131（^{131}I）はβ線も放出しますが，γ線の測定から定量します．一方で，同様に原発事故で問題となるストロンチウム89（^{89}Sr）やストロンチウム90（^{90}Sr）は，β線は放出しますがγ線は放出しません．よって，定量するためにはβ線を測定するのですが，β線のエネルギーはばらばらで核種の特定はできませんので，1つ1つの核種を様々な作業を積み重ねて分離する必要があります．ストロンチウム（Sr）の場合，この分離作業が煩雑で時間がかかります．これが，放射性ストロンチウム（Sr）のデータが放射性セシウム（Cs）に比べて少ない理由です．

v）エックス線（X線）

X線とは軌道電子から放出される放射線です．本質的にはγ線と同じで光子が飛んでいる電磁波です．γ線との違いはその由来で，γ線は原子核から，X線は軌道電子から放出されます．X線といえば，レントゲン博士（Wilhelm Conrad Röntgen）が発見し，この功績により第1回のノーベル物理学賞を受賞していることで有名です．健康診断の時にX線発生装置を用いたレントゲン撮像が身近です．このX線は放射性物質からもわずかに放出されることがあります．後ほど解説します．

1・3　放射線被曝と人体への影響

放射線を浴びることを被曝と言います．爆弾の衝撃を受けることも被ばくといいますが，"ばく"の意味が異なります．放射線の被ばくとは，放射線に曝露されるという意味ですので，「ばく＝曝」となります．一方で，爆撃を受ける被ばくとは，爆撃に遭うことですので，「ばく＝爆」となります．放射線被ばく，とばくをひらがなで表現するのは，曝という漢字が常用漢字ではないのが理由です．しかし，福島第一原発事故をきっかけとして被ばくという用語がよく用

いられてきたことなどから，被曝という漢字を見る機会も増えてきています．本
節では，放射線被曝の考え方や用語の説明をした上で，放射線被曝が与える人
体影響について，概説したいと思います．

1）グレイ，シーベルト

　放射線がある物体にぶつかると，そこでエネルギーを消費して放射線が止ま
ります．この時，この物体に着目すると，放射線からエネルギー（単位はジュー
ル：J）を受け取ることになります．グレイ（Gy）とは，物体 1kg あたりに受
け取るエネルギーを J で表したもので，1 Gy ＝ 1 J/kg です．なお，1J とは，重
さを表す g や距離を表す m，時間を表す秒といった単位と同じ体系で，国際単
位系（SI）の 1 つです．J は，「1 ニュートンの力が，その力の方向へと物体を 1 メー
トル動かすときの仕事」と定義されています．より身近な単位で表せば，1J は
約 0.24 カロリーです．なお，1 カロリーとは，1g の水の温度を 1℃ 上げるのに
必要な熱量です．

　人体が放射線からエネルギーを受け取る時，グレイで表すと人体への影響を
考える上で大きな問題がありました．1 つは，同じグレイの放射線を受けても，
α 線で受ける方が，β 線や γ 線で受けるよりもずっと人体影響は大きくなります．
さらに，たとえ同じ β 線を同じグレイだけ受けても，皮膚が受けるのか，骨髄
が受けるのか，で人体影響は大きく異なります．このように，グレイで表され
る熱量の単位では，人体の放射線影響を数値化することはできません．そこで，
シーベルトという単位を用いて，人体影響の度合いを数値化することにしました．
よって，シーベルトは物理量ではありません．リスクを表す数値であると言え
るでしょう．

2）等価線量と実効線量

　複雑なことに，シーベルトには複数の意味があり，時に混乱を招きます．こ
こでは，特に重要な等価線量と実効線量について説明したいと思います．等価
線量は人体の各臓器の被曝量を，実効線量は全身の被曝量を考慮した上でのリ
スクの程度を数値化したものです．

　グレイの解説の中で述べましたが，ある臓器が同じエネルギーの被曝を受け
ても，その放射線が α 線であるか，β 線であるか，といった違いにより，その
臓器が受ける影響は大きく異なります．そこで，放射線の種類に関係なくその

臓器の被曝量を論じられるように，グレイに放射線の種類に応じた係数を乗じることにし，その値を等価線量（単位はシーベルト：Sv）としました．この時，放射線の種類ごとの係数を「放射線荷重係数」といい，γ線や X 線など光子は 1，β線など電子は 1，陽子は 2，α粒子は 20，そして中性子はそのエネルギーによって，連続関数で表されます（日本アイソトープ協会，2009）．

たとえ等価線量が同一でも，臓器によって放射線影響が出やすいもの，出にくいものがあります．たとえば骨髄と脳を比較すると，細胞分裂の盛んな骨髄の方が，あまり細胞分裂のない脳よりも，放射線によりがん化などの影響が出やすいことが想像できると思います．さらに，臓器によってがん化した後に治療で治る度合いは異なります．すなわち，放射線によりがん化がしやすく，一度がんになると命を落とす確率が高い臓器は，放射線影響が大きいと言えます．このような臓器ごとの生物影響を考慮した係数を「組織荷重係数」といいます．以下に組織荷重係数を挙げますと，赤色骨髄，結腸，肺，胃，乳房はそれぞれ 0.12，生殖腺は 0.08，膀胱，肝臓，食道，甲状腺はそれぞれ 0.04，皮膚，骨の表面，脳，唾液腺はそれぞれ 0.01，その他残りの組織や臓器を全て合わせて 0.12 としています（日本アイソトープ協会，2009）．組織荷重係数は足すと 1 になります．各組織の等価線量にこれらの組織荷重係数を掛け合わせた後，すべての数値を足すと実効線量となります．たとえば，皮膚のみ局所的に 1Sv の等価線量を被曝したとします．この時，皮膚の組織荷重係数は 0.01 ですから，実効線量は 0.01Sv となるわけです．呼吸により肺のみ等価線量 1Sv の被曝をしたとすれば，実効線量は，0.12Sv となります．

さて，ここまで論じてきた等価線量，実効線量は放射線の防護のために考えられた概念的なものであり，いかなる方法においても測定することはできません．防護を考える上での数値であるため，等価線量と実効線量はともに「防護量」と呼ばれています．実際に測定できる値として，「実用量」があります．これは後ほど論じることにします．

3）外部被曝

放射線の被曝を受ける状況から，放射線被曝は，外部被曝と内部被曝の 2 つに分類することができます．このうち外部被曝とは，体の外にある放射性物質や放射線源からの放射線で被曝することを言います．例えば，健康診断の時に胸部レントゲン撮影をすることがありますが，その際の被曝は外部被曝です．

1 章　放射能とは何か　13

　外部被曝をなるべく少なくするためには,「距離」,「遮蔽」,「時間」の3つの
ことに注意が必要です. ある放射線源が点として存在した場合, ある人が曝露
される放射線量はその放射線源との距離の2乗に反比例します. 例えば, ある
放射線源から10cmの距離と1mとの距離では, 被曝量は100倍程度異なります.
　「遮蔽」とは, 放射線源と人体との間に, その放射線の侵入を防ぐ物体をおく
ことです. レントゲン撮影をする際に, 撮影対象ではない箇所を鉛で覆うこと
があります. この遮蔽を施す時には, 放射線の線質をよく理解し, 正しい遮蔽
素材を使うことが重要です. X線やγ線といった光子は物質中を透過しやすいの
で, 電子密度の高い素材での遮蔽が必要です. 一般には重金属である鉛のシー
トやタングステンが混合されたシートなどが採用されます. 一方で, β線では
電子が飛んで来ます. 電子のように電荷をもった粒子が鉛のように重い元素に
侵入するとそこで急速に止められますが, その時に「制動放射線」が発生します.
するとせっかく遮蔽したつもりが, 発生した制動放射線により被曝してしまう
ことになります. よって, β線の遮蔽にはアクリルなど, 制動放射が発生しな
い軽い元素を用いることが重要です. どんな放射線でも鉛を遮蔽に使えばよい,
というものではないわけです. なお, α線の遮蔽は必要ありません. 空気中で
すら簡単に止まってしまうα線においては, 十分な「距離」を確保することが
容易であるからです.
　最後の「時間」のコントロールですが, 放射線源の近くにいる時間を減らす
ことが, 被曝量を減らすことになります. 当然ながら, 2倍長い時間留まれば,
2倍の被曝量となるわけです.

4）実用量としてのシーベルト——場のモニタリング, 個人のモニタリング

　外部被曝について論じてきましたが, 実際にはどのように測定するのでしょ
うか. 実効線量, 等価線量は測定できません. そこで, 外部被曝を管理するた
めに, その人がいる場所のモニタリングとその人個人のモニタリングの2つが
あります.
　場のモニタリングとは, 空間線量率（1時間あたりのシーベルト）で表されま
す. 原発事故以来, 放射能汚染に遭った地域では定期的に放射線レベルがアナ
ウンスされていますが, その多くは空間線量率[注4]です. 例えば空間線量率が1
時間あたり0.1マイクロシーベルト（0.1μSv/hと記載します）の地域で10時

[注4] ある空間に人がとどまった場合に被曝する, 単位時間あたりの放射線量.

間留まると，1マイクロシーベルトの被曝が見込まれます．なお，空間線量率に寄与する放射線は主に光子です．β線から放出される電子は人体に届く前に遮蔽されることがほとんどだからです．放射線は人体に入ると体内でエネルギーを消費し，その際に人体影響を及ぼしますが，光子，すなわちγ線やX線は，物質を透過しやすいので，人体の中ですぐに物質とぶつかるとは限りません．その度合いを調べるために，国際放射線単位測定委員会：International Commission on Radiation Units and Measurements（ICRU）が定めたICRU球という人体を構成する元素や密度を再現した模型があります．この模型を用いて光子がエネルギーを失う深さを調べると，表面から1cmの深さにおいて最もエネルギーを消費すること，すなわち模型が最もエネルギーを受け取ることがわかりました．このことから，空間線量率で表される1時間あたりのシーベルトは，人間と同じ組成の球の1cm（10mm）の深さで測定した場合で表すこととし，周辺線量当量 $H(10)$ と表され，1cm線量当量といいます．この値は放射線防護において，実用量すなわち測定できる値として用いられます．この空間線量率を測定する機器としては，NaIシンチレーションサーベイメータや電離箱式サーベイメータがあります．NaIシンチレーションサーベイメータはかなり低い線量まで測定できます．また，多くの機器は検出される放射線のエネルギー補正がなされており，測定器に入って来た放射線のエネルギーに応じてシーベルト換算がなされます．一方，電離箱式のサーベイメータは，高線量率の場での測定を得意とします．今回の原発事故のような非常に厳しい状況下では，NaIシンチレーションサーベイメータでは測定できない高線量率の場所が多くありましたので，電離箱式サーベイメータが重宝されたものと思います．

　個人のモニタリングとして，ガラスバッジ[注5]など，個人の線量を測定する装置があります．このガラスバッジが測定しているのは，空間線量の時と同様に1cm線量当量と表現されますが，内容が異なります．先ほど紹介した空間線量としての1cm線量当量は，周辺の線量率が対象のため，特に放射線が飛んでくる方向は定めず，場としての線量率を指します．一方，個人のモニタリングでの1cm線量当量とは，ある方向から放射線が飛んでくることを想定しています．この場合，飛んで来る方向に近い体の部位にガラスバッジを付けます．男性は胸，女性は腹部に着用するのが一般的です．この1cm線量当量ですが，飛んでくる光子のエネルギーに関わらず，また，飛んでくる方向にかかわらず，いつでも

[注5] ガラスバッジ：積算被曝線量計．体の一部につけて，一定期間の被ばく量を測定する道具

実効線量より常に大きな値を示すことがわかっています．つまり安全側にデータが得られるようになっているわけです．このように，放射能にさらされる危険性のある場合には，個人のモニタリングの測定値を通して，被曝の管理をします．

5）内部被曝

　内部被曝は，体内に侵入した放射性物質から放出される放射線により被曝することです．内部被曝が生じる経路は主に2つあります．経口摂取と吸入摂取です．

　経口摂取とは，食べ物を通して体内に放射性物質を入れる経路を言います．この本のテーマである海洋の汚染において，最も注意すべきは，この経口摂取による内部被曝でしょう．経口摂取による内部被曝を防ぐには，食品中の放射性物質のモニタリングが欠かせません．特に放射性ヨウ素（I），放射性セシウム（Cs）そして放射性ストロンチウム（Sr）など，今回の原発事故で大量に漏えいした放射性物質が，食品中に混入している程度を調べることは大変に重要です．一方で，天然に存在する放射性カリウム（K）でも内部被曝をしますが，そもそもカリウム（K）は人間にとって必要不可欠なミネラルであることから，放射性カリウムによる内部被曝を防ぐことはできません．また，海産物の中に比較的多く含まれるポロニウム（Po）も内部被曝を生じます．天然に存在しているので防ぐ手立てはその海産物を食べないこと以外はありませんが，古来より日本人は海産物を多く摂取していることから，あまり過敏に対処する必要はないでしょう．食品のモニタリングや天然に存在する放射性物質については後述します．

　吸入摂取とは，呼気により放射性物質を体内に取り込むことを言います．例えば，天然に存在するラドン222（^{222}Rn）は，ラドン（ラジウム）温泉に限らず地球上どこでも存在します．ラドン(Rn)は希ガスであることから空気中を漂っていますので，呼気により肺に侵入し被曝を生じます．ラドン（Rn）による被曝は，天然放射線からの被曝量のおおよそ1/4程度を占めます．

　人体に取り込まれた放射性物質は，その生物的・化学的性質により，人体中の分布は異なります．トリチウム（^{3}H）水やカリウム（K），セシウム（Cs）などは，人体に一様に広がって分布します．一方で，ストロンチウム（Sr）やプルトニウム（Pu）などは骨に蓄積することがわかっています．ヨウ素（I）は甲状腺に集積します．これらは内部被曝を算定する上で重要な情報となります．ま

た，一旦取り込まれた放射性物質がどれくらい人体に存在し続けるか，といった情報も，内部被曝を算定する上で重要です．放射性物質は半減期に従って減少しますが，さらに，排泄などでも減少します．この，排泄などの人の生命としての営みにより体内の放射性物質が半分に減る時間を，「生物学的半減期」と言います．なお，生物学的半減期と明確に意味を分ける目的で，通常の半減期は「物理学的半減期」と呼ぶこともあります．セシウム137（^{137}Cs）を例として挙げますと，物理学的半減期は約30年ですが，生物学的半減期は，約144日です．よって，144日程度でおおよそ体内のセシウム137（^{137}Cs）は半分になります．このような，人体中の分布と生物学的半減期および物理学的半減期の情報に加え，その放射性物質が放出する放射線の線質（α，β粒子，光子など）とそのエネルギーを総合して，内部被曝量を算定します．

　一旦体内に取り込まれた放射性物質は，存在する限りは常に被曝を生じ続けます．例えば，今日，間違って放射性物質を体内に取り込んだとしたら，その取り込んだ瞬間から完全に体内から排出されるまで，連続的に被曝することになるわけです．しかし，内部被曝量を常に追跡し続けるのは，被曝量管理の面から得策とは言えません．そこで，放射性物質を体内に取り込んだ瞬間に，一生分の被曝をしたものと考えて内部被曝量を算出し，線量管理をする方法が採用されています．この線量を，預託実効線量といいます．成人は50年間，子供や幼児は70歳までの年数の間被曝する量を推定します．実は，この預託実効線量，すなわち内部被曝量は，体内に入れてしまった核種とベクレルから簡単に換算できます．この換算のための係数を「実効線量係数」といい，単位はmSv/Bqで表されます．例えば，経口摂取によるセシウム137（^{137}Cs）の場合は1.3 × 10^{-5}（mSv/Bq）です．つまり，1,000Bqのセシウム137（^{137}Cs）を食べてしまった場合，1,000Bq × 1.3 × 10^{-5}（mSv/Bq） ＝ 1.3 × 10^{-2}mSv を内部被曝として受けます．これは，食べた瞬間に受ける内部被曝量ではなく，その人が一生を通して受ける内部被曝量の合計値です．この「実効線量係数」は，平成十二年科学技術庁告示第五号（放射線を放出する同位元素の数量など）の別表第2に一覧として示されています（http://www.mext.go.jp/component/a_menu/science/anzenkakuho/micro_detail/__icsFiles/afieldfile/2012/04/02/1261331_15_1.pdf）．

6）自然放射線による被曝

　人工的な放射線とは別に自然界に存在する放射線を自然放射線といい，主に，

宇宙を飛び交っている宇宙線由来と，天然に存在する放射性物質由来の放射線の 2 つが存在します．

宇宙を飛び交っている宇宙線は時に強いエネルギーをもつものがあります．この宇宙線が地球に入ってくると，大気とぶつかって放射性物質が生成したり，放射線が発生したりします．生成された放射性物質からの被曝はほとんどありませんが，放射線は減衰しながらも地上までやってきて，人の外部被曝の要因となり，1 年間でおよそ 0.30 mSv とされます．なお，飛行機で高度 1 万メートルなど高いところにいくと，自然放射線による被曝が増えます．さらに宇宙空間では，1 日に 1 mSv 程度の被曝を受けます．このように宇宙線由来の放射線は大気によって地上部までやってくるまでにはかなり遮蔽されることがわかります．

天然に存在する核種には，カリウム 40 (^{40}K) のように独立した核種と，ウラン (U)・トリウム (Th) を基にする一連の系列を構成する核種と 2 種類あります．カリウム 40 (^{40}K) は，地球が誕生した際にたまたま近くにそれなりの量があり，それが現在まで存在しています．人は，食品中のカリウム 40 (^{40}K) から 0.18 mSv を 1 年間に内部被曝します．ウラン (U)・トリウム (Th) を基にした核種というのは，ウラン・トリウム系列ともいい，ウラン 238 (^{238}U) からは，ラジウム 226 (^{226}Ra)，ラドン 222 (^{222}Rn) などが生成されて自然界に存在します．このような核種からの放射線を大地放射線といい，外部被曝として 0.33 mSv を 1 年間に被曝します．また，食品中にウラン・トリウム系列核種の混入で，0.80 mSv を 1 年間に内部被曝します．その他の自然放射線による被曝も合わせ，人は日本平均として 2.1 mSv を 1 年間に被曝します（内部・外部被曝合計）．なお，日本の場合，おおよそ東日本よりも西日本の方が自然放射線が高い地域がありますが，これはその地域を形成する土壌や岩石の性質によるものです．

1・4 福島第一原発事故により海洋に放出された放射性物質と食品基準

ここでは，2011 年 3 月に発生した東日本大震災にともなう福島第一原発事故により放出された核種を中心に解説します．また，水産物を含む食品の検査方法やモニタリングについても紹介します．

1）放射性ヨウ素

　ヨウ素131（^{131}I）は核分裂反応において生成されます．ウラン（U）やプルトニウム（Pu）が核分裂をすると，およそ140付近と90付近の原子量をもつ核種に分かれやすいことがわかっており，ヨウ素131（^{131}I）は核分裂後の大きい方の核種として生成されます．ヨウ素の沸点は約184℃と比較的低いので，原発事故では気化して放出されやすい元素です．原発事故で放出される放射性ヨウ素のほとんどはヨウ素131（^{131}I）です．事故当初，東日本の大部分で環境放射線量が上昇した主要因は，ヨウ素131（^{131}I）から放出されるγ線でした．ヨウ素は甲状腺に集まりますので，仮にヨウ素131（^{131}I）を摂取すると甲状腺がんを誘発することが懸念されます．原発事故直後にヨウ素剤の配布の是非が議論されていましたが，ヨウ素を摂取するのは，ヨウ素131（^{131}I）が甲状腺に集まるのを抑えるためです．体内にヨウ素が少ないと，摂取したヨウ素131（^{131}I）は効率よく甲状腺に集められてしまいますが，体内にヨウ素が多い状況下では，摂取したヨウ素131（^{131}I）は体内に既に存在しているヨウ素（I）により希釈され，甲状腺に集まるヨウ素131（^{131}I）の量は相対的に減少します．ヨウ素131（^{131}I）が甲状腺に悪影響を及ぼした前例はチェルノブイリ原発事故でありました．チェルノブイリ原発事故では多くの子供がヨウ素131（^{131}I）による甲状腺がんを発病しました．この時のヨウ素131（^{131}I）は，牛乳を介した摂取でした．今回の原発事故では，牛乳など食品や水からヨウ素131（^{131}I）の摂取は限定的でした．それでも呼気からのヨウ素131（^{131}I）の吸入は防ぐことができず，事故直後に甲状腺の放射能測定や，定期的な健康診断時の甲状腺がん検査などが行われています．一方で，半減期は約8日間と短いので，環境中のヨウ素131（^{131}I）は長期的な影響をもたらしません．つまり事故から数年経った後の現在において，ヨウ素131（^{131}I）に汚染された水産物はありません．

2）放射性セシウム（図1・2）

　福島第一原発事故から数年が経過した今現在，陸域において最も残存しているのが放射性セシウム（Cs）です．放射性セシウムとしては，セシウム134（^{134}Cs），セシウム136（^{136}Cs），セシウム137（^{137}Cs）といった核種がありましたが，現在は半減期約2年のセシウム134（^{134}Cs）と半減期約30年のセシウム137（^{137}Cs）が環境中に残っています．福島第一原発事故ではセシウム134（^{134}Cs）とセシウム137（^{137}Cs）のベクレル数はほぼ同一であることがわかっています．

そのような話を聞くと，核分裂で生成されるセシウム 134（¹³⁴Cs）とセシウム 137（¹³⁷Cs）のベクレル数は常に同一なのでは？　との推測をもつ人もいるかもしれませんが，実は今回，2 つの放射性セシウムが同一ベクレルなのは偶然です．そもそも，セシウム 134（¹³⁴Cs）とセシウム 137（¹³⁷Cs）の生成過程は大きく異なります．セシウム 137（¹³⁷Cs）は核分裂反応により生成されます．一方で，セシウム 134（¹³⁴Cs）は，核分裂反応により生成し蓄積されたセシウム 133（¹³³Cs）から生成されます．セシウム 133（¹³³Cs）は安定核種ですので，核分裂反応が進めば進むほど蓄積していきます．このセシウム 133（¹³³Cs）が中性子を捕獲すると，セシウム 134（¹³⁴Cs）となります．セシウム 134（¹³⁴Cs）はセシウム 133（¹³³Cs）の量と正の相関関係があることから，セシウム 134（¹³⁴Cs）の量は，燃料棒の使用期間を表していると言えます．核爆弾のように，一瞬で核分裂反応が終わる場合や，新しい燃料棒での原発事故では，セシウム 134（¹³⁴Cs）はほとんど生成されません．よって，今回セシウム 134（¹³⁴Cs）がセシウム 137（¹³⁷Cs）と同じベクレルであった，というのは偶然でした．ところで，このセシウム 134（¹³⁴Cs）とセシウム 137（¹³⁷Cs）の比は，原子炉の性質を示す指標の 1 つです．この比を調べることで，何種類の原子炉が事故に遭ったか

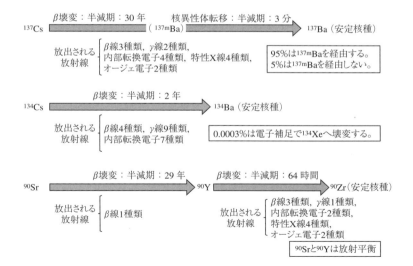

図 1・2　主要な核種の壊変。壊変時に出てくる放射線と種類を記載した。1 回の崩壊でこれら全ての放射線が出るわけではない。以下を参考にした：International Network of Nuclear Structure and Decay Data Evaluators (http://www-nds.iaea.org/nsdd.html)

がわかります．今回の福島原発事故では，ほとんどすべての地点で比が1：1で同一でした．したがって，ほぼ1種類の燃料群からなる原子炉が事故を起こした，と言えます．

　セシウム（Cs）は，ナトリウム（Na）やカリウム（K）と同じアルカリ金属です．水の中では，一価の陽イオンとして存在します．人体など生き物のほとんどは水でできていますので，生体内でも陽イオンとして存在します．生物は，カリウム（K）やナトリウム（Na）がないと生きていけませんので，体内のカリウム（K）やナトリウム（Na）を適切な細胞に適切な濃度で分配する機能があります．微量に体内に取り込まれたセシウム（Cs）はこれらの機能によって運ばれることが想定されており，その結果，おおよそカリウム（K）と同じ分布になることが知られています．一方で，生体内では，カリウム（K）とナトリウム（Na）の動きが違うように，セシウム（Cs）とカリウム（K）の動態は若干の違いが観察できます．どのようにセシウム（Cs）が運ばれているのか，このメカニズムを知るにはまだまだ研究が不足している状況です．

　セシウム（Cs）とカリウム（K）は生体内では，ほぼ同様の振る舞いをする一方で，土壌中では異なる動態を示します．ある種の粘土鉱物を含む土壌の中では，その粘土鉱物にセシウムイオンが堅く固定されることから，セシウムイオンは水溶性のイオンの形では存在しません．東日本の土壌はこの粘土鉱物を含む場合が多く，その結果，多くの地域で土壌から植物へのセシウムの移行はごくわずかでした．一方，海水中には粘土鉱物はほとんど存在しませんので，セシウムは一価の陽イオンとして存在するとされています．

　放射性セシウム（Cs）の数について考えてみたいと思います．例えば1 Bqのセシウム137（^{137}Cs）は，約3×10^{-13} グラムに相当します．海水中に，放射性ではない安定したセシウム［セシウム133（^{133}Cs）］は，1リットルに約3×10^{-7} グラム存在します．よって，海水1リットルあたりセシウム137（^{137}Cs）が1ベクレル含まれる海水では，1,000,000個（百万個）のセシウムのうち，1つがセシウム137（^{137}Cs）で，残りがセシウム133（^{133}Cs）という安定核種ということになります．

3）放射性ストロンチウム（図1・2）

　放射性ストロンチウム（Sr）は，原子炉の燃料であるウラン235（^{235}U）などが核分裂して生成されます．主に2つの核種があり，ストロンチウム90（^{90}Sr：

半減期約 30 年）とストロンチウム 89（^{89}Sr：半減期約 51 日）は，福島第一原発事故でも漏えいが確認されています．原発事故が始まった 2011 年 3 月 11 日時点では，ストロンチウム 89（^{89}Sr）はストロンチウム 90（^{90}Sr）よりも約 11.8 倍高い濃度でしたが，事故から数年を経た現在では，半減期の短いストロンチウム 89（^{89}S）は減衰し，半減期の長いストロンチウム 90（^{90}Sr）が残っています．

　ストロンチウム 89（^{89}Sr）とストロンチウム 90（^{90}Sr）を測定するのには，非常に多くの労力と時間がかかります．その理由は，ストロンチウム 89（^{89}Sr），ストロンチウム 90（^{90}Sr）ともに β 線放出核種であり，γ 線を出さないことにあります．例えば，放射性セシウムであるセシウム 137（^{137}Cs），セシウム 134（^{134}Cs）は β 線を放出する β 壊変核種ですが，加えて γ 線を放出します．この γ 線はセシウム 137（^{137}Cs）やセシウム 134（^{134}Cs）それぞれの特有のエネルギーをもっていますので，γ 線のエネルギーと数を測定できれば定量することができます．一方で，β 線は，核種ごとに決まったエネルギーを出すわけではありません．最大のエネルギーは核種ごとに決まっていますが，例えば飛んで来た β 線のエネルギーを測定できたとしても，その β 線がストロンチウム 89（^{89}Sr）かストロンチウム 90（^{90}Sr）か，天然のカリウム 40（^{40}K：β 壊変核種）か，それとも全く別の核種からなのか，判断ができません．さらに，β 線は物にぶつかり止まりやすい，すなわち物質との相互作用が強いので，サンプルから放出された β 線の中には，そのサンプルを脱出できないものがあります．その割合は，サンプルの密度や形状，大きさによってまちまちですので，例えば魚の外側から骨に集まった放射性ストロンチウムを定量するのは不可能なわけです．

　ではどのように測定するのでしょうか．ストロンチウム 89（^{89}Sr），ストロンチウム 90（^{90}Sr）は β 線しか放出しないのですから，β 線をなんとかして測定しなくてはいけません．そのためには，核種を分離して単独に存在する状態にする必要があります．分離させるには化学処理をしますが，そのためには，サンプルを溶液化する必要があります．つまり，例えば魚や土壌のようなサンプルは，高熱で炭素を燃焼させたり，酸分解をして有機物を溶かしたり，様々な方法で水に溶解した状態にします．こうしてなんとか水溶液にした後，その水溶液中のストロンチウム（Sr）を他の元素（カリウムや鉛など）と分離する必要があります．幾十ものステップで何とかストロンチウム（Sr）を分離した後，ようやく放射性ストロンチウムから出てくる β 線の測定です．しかし，いくら

化学分離を重ねても，同じストロンチウムであるストロンチウム 89 （^{89}Sr），ストロンチウム 90 （^{90}Sr）は分離できません．そこで，ストロンチウム 89 （^{89}Sr）とストロンチウム 90 （^{90}Sr）が混ざったサンプルのベクレルと，ストロンチウム 90 （^{90}Sr）単独のベクレルを測定し，引き算によってストロンチウム 89 （^{89}Sr）を算出します．では，ストロンチウム 89 （^{89}Sr）とストロンチウム 90 （^{90}Sr）が混ざったサンプルから，どのようにストロンチウム 90 （^{90}Sr）を測定するのでしょうか．実は，ストロンチウム 90（^{90}Sr）を測定せず，ストロンチウム 90（^{90}Sr）が壊変して生成されるイットリウム 90 （^{90}Y）という核種を測定することで，ストロンチウム 90 （^{90}Sr）のベクレルを算出します．これを理解していただくためには，放射平衡について説明しなくてはいけません．

　ある放射性核種（親核種）が壊変により別な核種（娘核種）になった際に，その娘核種が放射性で，かつ親核種よりも半減期が十分に短い時，この親核種と娘核種はいずれ同じ放射能（Bq）になります．これを放射平衡といいます．ストロンチウム 90 （^{90}Sr）を例とすると，半減期 30 年のストロンチウム 90 （^{90}Sr）の娘核種であるイットリウム 90 （^{90}Y）の半減期は 64 時間です．よって，分離したストロンチウム 90 （^{90}Sr）は，例えば 2 週間ぐらい経つと ^{90}Sr - ^{90}Y の放射平衡になります．この状況で，イットリウム 90 （^{90}Y）をストロンチウム（^{89}Sr，^{90}Sr）から分離して測定します．イットリウム 90 （^{90}Y）のベクレルはストロンチウム 90 （^{90}Sr）と同じですから，ストロンチウム 90 （^{90}Sr）のベクレルの値が得られます．このように放射性ストロンチウム（Sr）の測定には，技術・時間が必要ですから，簡単に測定できる γ 線放出核種に比較すると，データ量は圧倒的に少ない状況です．原発事故以降，この放射性ストロンチウムの測定をなるべく簡便に早くやろう，という技術的な改善を目指す研究も多くなされていますが，従来の方法よりは早くなるものの，手間が多くかかる状況は変わっていないと思います．

　ストロンチウム（Sr）は，カルシウム（Ca）のように骨に集積する性質があります．骨の代謝はゆっくりであることから，生物学的半減期は比較的長い元素です．よって，放射性ストロンチウム（Sr）の内部被曝においては，骨に分布し造血細胞へ影響を及ぼすリスクを考える必要があります．一方，この骨に集まる性質を利用し，骨転移したがんによる痛みを緩和する目的で，ストロンチウム 90 （^{89}Sr）を薬として投与することがあります．これを内部放射線治療といいます．注射により投与したストロンチウム 90 （^{89}Sr）は骨へと集積し，

骨に存在するがん細胞に放射線を当てることで，痛み緩和効果が発揮されます．

　海水中のストロンチウム（Sr）の量について，ここではモル[注6]という原子の数を表す単位で説明したいと思います．まず，放射性でない安定ストロンチウムについて考えてみます．ストロンチウムは海水1リットルあたりおよそ9×10^{-5}モル存在します．生物にとって必須なカルシウム（Ca）は1リットルあたり約10×10^{-3}モル存在しますので，ストロンチウム（Sr）はカルシウム（Ca）よりおよそ1/100の濃度で存在します．ストロンチウムは生命にとって必須ではない元素ですが，その割には，海水に含まれている量は少なくありません．続いて放射性ストロンチウム（Sr）について考えてみましょう．例えば1ベクレルのストロンチウム90（^{90}Sr）は，およそ2×10^{-15}モルに相当します．よって，海水中1リットルあたり1ベクレルのストロンチウム90（^{90}Sr）が存在する場合，約50,000,000,000個（5百億個）のストロンチウムのうち1つがストロンチウム90（^{90}Sr）で，残りが安定ストロンチウムです．なお，天然の安定ストロンチウムには，ストロンチウム84,86,87,88（^{84}Sr，^{86}Sr，^{87}Sr，^{88}Sr）の4つの核種があり，ストロンチウム88（^{88}Sr）が最も多く約83％を占めます．

4）その他の核種

　福島第一原発事故による放出核種としてはあまり量は多くありませんが，銀110m（^{110m}Ag）も海洋で検出されています．この核種は核分裂反応で生成されたものではありません．銀109（^{109}Ag）からの中性子捕獲反応で生成したものと推察されます．なお，mは核異性体を表します［3）参照］．銀110m（^{110m}Ag）は半減期約250日の核種であり，主にβ壊変をして安定核種のカドミウム110（^{110}Cd）になります．約1％の確率で，銀110m（^{110m}Ag）から核異性体転移で安定核種の銀110（^{110}Ag）になります．経口摂取による実効線量係数は2.8×10^{-9}（mSv/Bq）ですから，セシウム137（^{137}Cs）の1.3×10^{-5}（mSv/Bq）と比較すると1/500程度の値です．つまり，銀110m（^{110m}Ag）を食べてしまった場合のリスクはセシウム137（^{137}Cs）と比べると非常に低いことがわかります．銀は一部の生物で高い生物濃縮が起こります．ヘモシアニンは哺乳類がもつヘモグロビン[注7]と同じ機能をもつ色素で，この色素の銅が銀に置き換わることで，

[注6] モル：アボガドロ数（6×10^{23}個）の分子や原子の数を1単位とする分子の数の単位．

[注7] ヘモグロビン：脊椎動物などの赤血球中の色素タンパク質．鉄を含み酸素と結びついて，体内に酸素を運ぶ機能をもっている．

銀が濃縮されます．ヘモシアニンをもつ生物はイカやクモのような軟体動物や節足動物です．血液が赤い生物，すなわちヘモグロビンをもつ生物では，このような銀の高い生物濃縮は見られません．

テルル 129m（^{129m}Te）も海水中から検出されています．半減期が 34 日と短い上に放射性セシウムと比べると放出量はわずかでした．今現在，食品中への混入が心配される核種ではありません．

5）食品の基準値と出荷制限，モニタリング体制

東日本大震災では大きな地震が 2011 年 3 月 11 日におきました．そのわずか 6 日後の 3 月 17 日には，食品中の放射性ヨウ素や放射性セシウムなどの暫定規制値が定められました（図 1・3）．この時の暫定規制値の決め方は，食品による追加被曝を 1 年間で 5mSv まで許容するとし，各重要品目に 1mSv ずつ割り振った結果，500Bq/kg という値になりました．もともとカリウム 40（^{40}K）などで被曝しているものは除き，原発事故由来の核種による内部被曝を追加被曝といいます．事故からおよそ 1 年が経過した 2012 年 4 月 1 日からは，暫定規制値ではなく，新基準値で食品が管理されることになりました．新基準値は，食品による追加被曝を 1 年間で 1mSv に抑えるために定められています．まず水に 0.1mSv を割り振り，残りの 0.9mSv を食品に割り振りました．各性別，年齢を考えた上で，食品中の核種による被曝を最も多く受ける人でも 0.9mSv に届かないような基準値を計算しました．その結果，一般食品は 100Bq/kg が基準値となりました．

モニタリングは定期的に行われています．水産物は週に 1 度，福島県や近隣県の主要な漁港で実施されています．モニタリングの結果，新基準値を超えた

放射性セシウムの暫定規制値	
飲料水	200
牛乳・乳製品	200
野菜類	500
穀類	500
肉・卵・魚・その他	500

放射性セシウムの新基準値	
飲料水	10
牛乳	50
一般食品	100
乳幼児食品	50

図 1・3　放射性セシウムの暫定規制値(2011 年 3 月 17 日〜)と新基準値(2012 年 4 月 1 日〜)　単位：Bq/kg

場合は，その品目の出荷制限となります．また，海産物のうち広域回遊性魚種が新基準値を超えた場合は，漁業自体の操業の自粛要請が国からあります．出荷制限となる地域は，農産物でしたら市町村もしくは字（あざ），海産物でしたら海域です．これらの措置に伴う損失は，補償対象となります．出荷制限解除もしくは漁業再開となる条件としては，その後 3 度のモニタリングの機会でいずれも新基準値以内となることです（水産庁：http://www.jfa.maff.go.jp/j/press/sigen/110506.html）．

　現在，モニタリングは放射性セシウムであるセシウム 134 （^{134}Cs）とセシウム 137 （^{137}Cs）を対象として実施されています．福島県のモニタリングでは，検出限界はおよそ 8Bq/kg です（http://www.jfa.maff.go.jp/j/kakou/kensa/index.html）．この場合の検出限界とは，ある核種の検出できる下限の濃度を表します．検出限界は，ほとんどの場合，正味計数率の誤差の標準偏差（σと表します）の 3 倍で設定します．計数率とは，単位時間あたりに測定器が数えた放射線の数で，正味計数率とは，ある核種からの放射線を対象としたとき，その核種以外からの放射線，すなわちバックグラウンドを差し引いた時の計数率を言います．σは計数率の揺らぎを表しています．検出限界の設定が 3 σである，ということは，ある計数率が 3 σを超えている場合に検出したと決めるということですが，これが正しい確率は 99.7% です．つまり，3 σの計数率があっても，0.3% の確率で偽陽性がある，ということです．なお，2 σの場合は 95.5%，1 σでは 68.3% です．偽陽性を減らしたり検出限界の値を下げたりするには，計数率を上げることが代表的な解決策です．これは，サンプル中の放射性物質を増やすこと，つまりサンプル量を増やして測定することが有効であることを示しています．また，σを下げることでも，検出限界の値を下げることができます．これは，サンプル量を増やすことに加え，測定時間を長くすることでも解決できます．しかし，サンプル量や測定時間を増加させると，測定できるサンプル数が減少します．現在，福島県のモニタリングでは，100ml の容積の容器（U8という規格）にいれたサンプルをゲルマニウム半導体検出器で 2000 秒測定することが一般的な条件で，検出限界は，セシウム 137 （^{137}Cs），セシウム 134 （^{134}Cs）ともに 8Bq/kg 程度となります．

1・5　おわりに

　放射線にも様々種類があり，それぞれ人体への影響の度合いが異なることなど論じてきました．福島第一原発事故に伴う放射能影響を考える時，放射性セシウムであるセシウム 137（^{137}Cs），セシウム 134（^{134}Cs）の 2 つの核種の性質を知ることは，食べることによる内部被曝の度合いを考える上での一助となるのではないかと思います．

謝辞

　本章にあたり，東京大学大学院農学生命科学研究科放射性同位元素施設の小林 奈通子 博士，広瀬 農 博士には，推敲時に精読いただき議論させていただきました．御礼申し上げます．

参考文献

日本アイソトープ協会（2009）：ICRP Publ.103　国際放射線防護委員会の 2007 年勧告，日本アイソトープ協会.

2章　海洋への放射性物質の沈着・流出，移動，蓄積

——— 神田穣太

　東京電力福島第一原子力発電所（以下，福島第一原発）事故では，発電所が海岸に立地していたことに加えて，放射性物質で汚染された水が直接海洋に流出したことが重なり，大規模な海洋汚染に至りました．大量の放射性物質の海洋への直接流出は，過去の原子力発電所事故には例がないものです．我が国の沿岸海域としても，はじめてといってよい深刻な海洋汚染になりました．本章では海洋環境における放射性物質の移行について，これまでの知見を概説した上で，福島第一原発事故による海洋汚染について検討していきます．

2・1　海洋環境に存在する放射性物質と過去の海洋汚染

　海水や海底堆積物なども含めて自然界には，もともと様々な種類の放射性物質が存在します．放射性の核種（元素や同位体の種類）は放射線を出すことで，別の核種に変化します（放射壊変）．トリウム232（^{232}Th）やウラン238（^{238}U）などを出発点にして次々に放射壊変が続いている一連の核種（崩壊系列）や，カリウム40（^{40}K），ルビジウム87（^{87}Rb）などは，地球生成時に存在していた放射性核種のうち半減期の長いものがまだ残っているもの（および半減期の長い核種からうまれたもの）で，原始放射性核種と呼ばれています．また，トリチウム（^{3}H），炭素14（^{14}C）など，地球上で宇宙線と原子との反応で生じ続けている核種もあります．海水中に存在する天然の放射性核種で，放射能が最も高いのはカリウム40（^{40}K）で，海水1リットルあたり約12ベクレル（12Bq/L）含まれます．海洋生物からもカリウム40（^{40}K）の他，ポロニウム210（^{210}Po），鉛210（^{210}Pb）などが検出されます．

　これに加えて，人為起源の放射性核種が海洋にもたらさるようになりました．そのほとんどは核兵器や原子力発電に由来する核種です．1945年に広島，長崎に原子爆弾が投下される少し前から，大気圏内で多数の核実験が実施されました．大気圏内の核実験は1980年に中国で行われたものが最後で，代わって行われる

ようになった地下核実験では環境への放射性物質放出は大幅に減っています．こ
れらの大気圏内の核爆発により，地球全体に大量の放射性物質がもたらされま
した．その時代から既に相当な年数が経過していますが，半減期が長い核種は
現在でも海洋中から検出されており，人為起源のトリチウム（^{3}H），セシウム
137（^{137}Cs），ストロンチウム90（^{90}Sr），炭素14（^{14}C）などが海洋環境に残存
しています．こうした核種の海洋内の分布は海洋循環の貴重なトレーサー[注1]と
して利用できるため，海洋中の人為起源放射性核種は基礎的な海洋学の重要な
研究対象としても位置づけられてきました．大気圏内核爆発の他に海洋への放
射性物質の移行量が多いのは，チェルノブイリや福島などの原子力発電所事故や，
使用済み核燃料の再処理工場などからの排水，運転中の原子力発電所からの排出，
低レベル廃棄物の海洋投棄，原子力潜水艦などの沈没，輸送中の核兵器落失，医
療・研究などで利用された人工放射性物質の流出などです．

　福島事故の海洋汚染で最も大きな問題になっているセシウム137（^{137}Cs）に
ついて，これまでの人為起源の放出量を放射能（単位：Bq ＝ベクレル）で比較
してみました［以下の数字についての文献は神田（2014a）を参照］．大気圏内
核爆発では合計で948PBq（ペタベクレル＝ 10^{15} ベクレル）が放出され，海洋
への移行分は603PBq とされています．このうち，広島に投下された原子爆弾
によるセシウム137（^{137}Cs）の放出量は0.089PBq です．イギリスのセラフィー
ルド原子力施設からの排水では，1952 ～ 1992 年の流出総量は41PBq，最大年
間流出量は1975 年の5.2PBq と推定されています．1986 年のチェルノブイリ
原子力発電所事故では85PBq のセシウム137（^{137}Cs）が放出されたとされ，海
洋への移行分は15 ～ 20PBq と推定されます．セシウム137（^{137}Cs）は天然に
は存在しない核種ですが，核実験などの影響で今でも全世界の海洋で検出され
ています．大気圏内核実験の終結により，セシウム137（^{137}Cs）の濃度はゆっ
くりと低下してきました．福島県沖の海水中のセシウム137（^{137}Cs）は1970
年代半ばころには0.005 ～ 0.007Bq/L でしたが，福島第一原発事故直前には約
0.0015Bq/L まで低下していました．1986 年のチェルノブイリ事故で，日本近
海の海水のセシウム137（^{137}Cs）の濃度は一時的に0.002Bq/L 程度上昇しまし
たが，翌年にはもとの減少トレンドに戻っています（IAEA, 2005）．

[注1] トレーサー：物質の移動を追跡するために利用される，微量の物質や性質

2・2　福島第一原発事故による海洋への放射性物質移行

1）事故の発生と大気への放射性物質放出

　核実験や原子力発電所事故では，多くの場合，放射性物質は大気に放出されます．福島第一原発の事故でも，事故の初期段階では放射性物質は大気に放出されました．

　2011年3月11日の東北地方太平洋沖地震とその後の津波によって，福島第一原発では，原子炉や核燃料プールの冷却機能が失われました．原子力発電所は核分裂の連鎖反応を制御した形で連続させて，発生した熱を用いて発電します．核分裂反応は地震後ただちに停止されました．しかし，使用中の核燃料棒には核分裂やその他の様々な核反応によって生成した放射性核種が存在し，これらの放射壊変によって熱が発生し続けます．したがって運転を停止した原子炉や使用済みの核燃料プールなども継続的に冷却する必要があります．この冷却機能が失われたことによって，福島第一原発の1号機，2号機，3号機の核燃料棒は高温になって融解し，融け落ちた核燃料が反応容器や格納容器を損傷したとされています（メルトダウン）．また核燃料棒が高温に加熱されることに伴って水と反応して発生した水素ガスが炉外に出て，建屋内で爆発がおこりました．1号機，3号機，4号機（運転停止中で核燃料は全て使用済み核燃料プールにあった）の建屋が水素爆発で損壊し，様々な配管や容器などの損傷がおこったと考えられています．こうした容器や配管の損傷と，炉内の圧力を低下させるために行った弁開放（ベント）操作などによって，高温の原子炉内から揮発性の高い放射性核種が大気に放出されました．

　大気への放出は，地震・津波の翌日の3月12日から始まり，大部分は2011年の3月中におこったと考えられます．比較的放出量が多かったのは3月12～24日，28～31日ころです．放出量が多い核種にはキセノン133（^{133}Xe；半減期5.2日），ヨウ素131（^{131}I；半減期8.0日），同133（^{133}I；同20.8時間），テルル132（^{132}Te；同3.2日），クリプトン85（^{85}Kr；半減期10.8年），セシウム134（^{134}Cs；同2.06年），セシウム137（^{137}Cs；同30.2年）などがあります（Povinec *et al.*, 2013）．ヨウ素131（^{131}I）は放出量が多く，事故当初には様々な環境試料から高い放射能が検出されましたが，現在ではほとんど検出されません．その他の半減期の短い核種も現在ではほとんど検出されませんし，希ガスのキセノン133（^{133}Xe），クリプトン85（^{85}Kr）は環境や人体への蓄積性が

ほとんどありません．大きな問題になったセシウム 134（^{134}Cs）とセシウム 137（^{137}Cs）の 2 つの核種は，放射能（Bq 単位）でみるとほぼ 1：1 で放出され，現在は半減期の短い分だけ ^{134}Cs が相対的に少なくなってきています．ストロンチウム 89（^{89}Sr：半減期 50.5 日）やストロンチウム 90（^{90}Sr：半減期 28.7 年）については，福島事故での放出はチェルノブイリ事故などに比べて多くありませんでした．ストロンチウム 90（^{90}Sr）の大気への放出量はセシウム 137（^{137}Cs）の 1/100 程度です．ストロンチウム 89（^{89}Sr）はセシウム 137（^{137}Cs）の 1/10 程度放出されましたが，半減期が短いため現在の環境試料中からはほとんど検出されません（Povinec *et al.*, 2013）．セシウム 137（^{137}Cs）の大気への推定放出量は 10 ～ 15PBq とするものが大部分ですが，高いものには約 50PBq という推定例もあります（Yoshida and Kanda, 2012）．

2）大気での拡散と海洋への沈着

　大気中の放射性核種のうち，希ガスの核種や揮発性の化合物に含まれる核種は気体として存在し，それ以外の核種は空気中を浮遊する粒子（エアロゾル）の表面や内部に存在すると考えられます．気体もエアロゾルも，空気とともに比較的速やかに移動して，存在領域を拡げていきます．拡がる方向や速さは風向や風速によって変わり，またこれらは時間とともに大きく変化するので，拡がり方は一般にかなり複雑になります．一般に，汚染物質は存在領域が拡がるとともに濃度が低下していきます．後述する海水中での放射性物質の拡がり方と比較すれば，大気での拡がり方はずっと速く，比較的短い時間でより広く薄まって分散するようになります．

　大気中の放射性物質，特にエアロゾルとともに挙動する核種はやがて沈着（粒子や降水などとして降下）過程を経て海面や地面にもたらされます．沈着には降水や霧が関与する湿性沈着と，それ以外の乾性沈着があります．沈着によって大気から除去される速度や効率は核種によって異なりますが，一般には降水などがあると湿性沈着が著しく促進されます．したがって沈着する放射性物質の分布は，大気中での拡がり方の不均一性だけでなく，沈着の不均一性にも大きく左右されます．

　福島事故でのセシウム 137（^{137}Cs）やセシウム 134（^{134}Cs）の陸域での沈着量の分布は，航空機観測や現地調査によってかなり正確にわかっています．一方，海面に沈着した放射性物質は沈着後直ちに海水とともに流動し，希釈もされて

いくため，観測によって沈着量の分布を明らかにすることは容易ではありません．このため，ほとんどの場合はモデルを用いたシミュレーションによる推定に頼るしかありません．ただしシミュレーションは，用いているモデルや気象データの差異によって大きく結果が異なる場合があり，福島事故後の大気による放射性物質の輸送についても，様々なシミュレーションで再現されている結果は必ずしも整合的ではありません．多くのシミュレーションでは，発電所を中心に，全体として主要部分が東側の太平洋上に向かって拡がる複雑なパターンになっています．シミュレーションなどにもとづいた推定の多くは，大気に放出されたセシウム137（^{137}Cs）およびセシウム134（^{134}Cs）のうち，2〜3割程度が我が国の陸域に沈着し，残りの7〜8割程度が海洋に沈着したとしています．

3）汚染水の直接流出

　一方，事故直後から1〜3号機の原子炉や4号機などの使用済み核燃料プールを冷却するために様々な手段で注水が行われました．容器や配管が損傷していることもあり，注がれた水が原子炉からどういう流路で流れ出したかは，正確にはわかっていませんが，メルトダウンした炉内で汚染されたと考える他のない高濃度のヨウ素131（^{131}I），セシウム137（^{137}Cs），セシウム134（^{134}Cs），ストロンチウム90（^{90}Sr）などを含む水が，隣接するタービン建屋の地下などに滞留しているのが2011年3月24日までに確認されるに至りました．この汚染水は地下のケーブルホールや冷却水導入のためのトレンチなどにも流れ込み，その一部が海洋にも漏出しました．4月2日，2号機取水口付近の1カ所から，発電所専用港湾の取水口開渠と呼ばれる部分への高濃度汚染水の流出が確認されました．流出が始まったと考えられた4月1日から水ガラスなどの注入によって流出が封止された4月6日までの間に520トン（学校のプール1杯分程度）の汚染水が流出したとされ，この期間のセシウム137（^{137}Cs）の流出量は0.94PBqとされています（原子力災害対策本部, 2011）．一方，発電所直近の海水中の放射性物質濃度は3月26日頃から急激な上昇が始まっていました（図2・1）．このことから，4月1〜6日の2号機前の流出の前に，別の流出があった可能性が高いと考えられます．この他に，3号機前で5月10〜11日に小規模な汚染水流出が確認されています．また高濃度汚染水の流出とは別に，4月5〜10日には低レベル汚染水の意図的排水も行われました．これは港湾の外に直接排水されています．

　汚染水によるセシウム137（^{137}Cs）の直接流出量は，海洋の放射能データからも推定できます．例えば，海洋中での汚染水拡散のシミュレーション結果と実際の海水中の放射能の観測結果を付き合わせて，シミュレーションと観測が一致するような流出量を逆推定することができます．このような推定値の多くは3.5PBq〜10PB の範囲にありますが，最も大きい推定には27PBq というものがあります（Yoshida and Kanda, 2012）．2・6節で詳しく説明しますが，筆者は東京電力の公表データを用いて，発電所専用港湾中央部の海水交換率を推定しました（Kanda, 2013）．この交換率を用いると，港湾中央部からのセシウム137（^{137}Cs）の流出量が推定できます．港湾中央部のセシウム137（^{137}Cs）が測定されるようになった4月3日から5月末までのセシウム137（^{137}Cs）流出量は，2.25PBq と推定できました．この推定値には4月2日以前の流出は含まれません．また，港湾中央部を経由しない流出は含まれません．4月と5月に確認された汚染水流出は，いずれも専用港湾の1〜4号機取水口開渠と呼ばれる部分で起こりました．取水口開渠と港湾中央部は水の流通が可能ですが，汚染水流出時点では地震・津波によって取水口開渠と外海を仕切る堤防が損壊していて外海とも水の流通が可能だったと考えられます．この取水口開渠から外海への直接流出や，場合によっては取水口開渠を経由しない流出があった可能性も考えられることから，港湾中央部経由の流出は外海に流出した汚染水の一部分に過ぎないと考えられるのです．したがって，シミュレーションによる逆推定などで推定された3.5〜5PBq 程度の値と筆者の算出した2.25PBq はかなりよく一致しているといえます．いずれにせよこれらの推定値は，東京電力が確認している流出（排出）事象ごとの推定漏出量の合計値（4月1〜6日の2号機前の漏出が大部分を占め，約0.95PBq）より大きくなっています．このことからも，先に述べた3月中の流出を含めて，経路や量が明らかになっていない汚染水の流出があったことはほぼ確実と思われます．なおこの時期のストロンチウム90（^{90}Sr）やトリチウム（^{3}H）の流出量は正確にはわかりませんが，滞留水などの分析からは，ストロンチウム90（^{90}Sr）はセシウム137（^{137}Cs）の1/100 程度で，トリチウム（^{3}H）はセシウム137（137Cs）の1/10 から1/100 程度だったようです（Povinec *et al.*, 2013）．

　大気からの沈着にやや遅れて，放射性物質が汚染水として海洋に直接流出したことが，今回の事故の海洋汚染の大きな特徴です．さらに，これまでの海洋の放射性物質の事例と比較する場合，放出が1カ月に満たない期間に集中して

いることに留意する必要があります．前述のイギリスのセラフィールド再処理施設からは 1975 年に最も多い 5.2PBq のセシウム 137（^{137}Cs）が流出しましたが，福島ではこの 1 年分に匹敵する量が，3 月末から 4 月上旬にかけて流出したことになるのです．特定の場所に短期間に大量の放射性核種が放出された事例としては，過去に類例がありません．

2・3　海水中の放射性物質の推移

　海水中の放射性物質は，元素によって様々な存在形態をとります．今回の事故で問題になっているセシウム，ストロンチウム，ヨウ素は，それぞれセシウムイオン（Cs$^+$），ストロンチウムイオン（Sr^{2+}），ヨウ素酸イオン（IO$_3^-$）として海水に溶けているとみなすことができます．また，水素の同位体であるトリチウム（^{3}H）は，水分子（H$_2$O）を構成する水素原子に含まれています．なお，海水中には放射性でない安定なセシウム（^{133}Cs）が約 2.2nmol/L，ストロンチウム（主に ^{88}Sr）が約 87 μmol/L，ヨウ素（^{127}I）が約 0.44 μmol/L 含まれています．今回の事故で海水中に移行した放射性核種は，過去の汚染事例に比べても決して少量ではありませんが，少なくともヨウ素，セシウム，ストロンチウムについては，海水中に元々存在している各元素（安定な同位体）の濃度に比べて，ほとんど無視できる程度の濃度です．たとえばセシウム 137 が 1,000Bq/L 含まれていても，物質量としては 0.0023nmol/L に過ぎず，元々海水中にある安定セシウムの濃度はほとんど変化しません．物質量としては無視できる程度の少量ですが，放射性という性質があるので問題になるのです．

　海水に溶けた放射性物質は，海水の移動や混合などにより拡散しつつ輸送されていきます．乱流状態の流体という点では大気も海洋も同じで，その拡がりや移動はよく似たプロセスで進行し，存在領域が拡がるとともに濃度は低下していきます．ただし，大気と海洋では移動の速度が大きく異なり，海水による輸送は大気よりもずっと遅くなります．一般に黒潮などのように海水が常時一方向に流れている場所は海洋ではそれほど多くありません．通常は，潮汐，風，渦などの影響を受けて流向や流速が刻々と変化しながら，平均的にある特定の方向に移動するような動きになります．今回の汚染水の直接流出では，極めて高濃度の汚染水が水量としては少量ずつ流出しました．このような場合には，海水中での拡散に特に時間を必要とします．また十分に希釈され拡散されるまで

の間は，比較的濃度の高い領域や低い領域が入り組んだ複雑な分布パターンを示します．こうした分布の状況は，よく墨流しやコーヒーに落としたクリームのつくる模様にたとえられます．このような濃淡の異なる領域が移動しながら拡がりつつ，周囲の海水と混合して放射性物質が薄まっていくことになります．

　事故を受けて国による海水のモニタリングが始まったのは，発電所専用港湾直近の南側と北側の海岸が3月21日，船舶による沖合30kmの観測点は3月23日でした．いずれも表層の海水からヨウ素131（^{131}I），セシウム137（^{137}Cs），セシウム134（^{134}Cs）が検出されました．セシウム137（^{137}Cs）についてモニタリング開始直後に得られた値は，発電所近傍では最大で約1,500Bq/L，発電所沖合30kmでは最大10〜20Bq/L程度でした．この時期の海水の汚染は，大気へ放出された放射性物質が海面に沈着したものが主であったと考えられます．発電所から比較的離れた広範囲の海域から同じようなレベルで検出されたこと，また大気放出イベントごとの^{137}Cs（^{134}Cs）と^{131}Iの放出比率の変動と，ヨウ素とセシウムの沈着過程の違いを反映して，海水中の放射性セシウム（^{137}Cs，^{134}Cs）とヨウ素131（^{131}I）の比に大きな変動がみられたことが，大気経由と考えられる根拠になっています．大気中で比較的短時間で広範囲に分散したことと，海面から沈着した後に海水の鉛直的な混合によって希釈されたこともあり，この時期の沿岸の海水の放射性物質の濃度は，その後に起こった直接流出に比べればかなり低かったといえます．

　前述の通り，3月26日頃から発電所専用港湾直近の海水から，直接流出によると考えられる極めて高い濃度のヨウ素131（^{131}I），セシウム137（^{137}Cs），セシウム134（^{134}Cs）が検出され始めました．今回の事故で流出した汚染水は放射性物質濃度が極めて高いものも含まれており，流出した汚染水のセシウム137（^{137}Cs）は10億Bq/Lを超えたものあったとされています．発電所直近の海水の放射性物質濃度には3月末頃と4月初旬に2つの極大があったように見えます．前述の4月1〜6日の2号機前からの流出と，その前の3月末頃の流出は，ほぼ同程度の規模であったようですが，詳細はわかっていません．セシウム137（^{137}Cs）についてみると，発電所の港湾外直近北側で68,000Bq/L（4月7日）に達するなど，福島県沿岸では直接流出の方が圧倒的に大きな影響がありました（図2・1）．

　限られた観測データと各種のシミュレーション結果によれば，直接流出による汚染域は存在範囲を広げつつ概ね南に向かい，やがて黒潮続流域に達してから，

東側に向かったといわれています．ただし，先に述べたように，海水の流動は刻々
と変化するので，これはあくまでも「平均的」な動きです．実際に福島第一原
発の沖合から漂流ブイを流す実験が複数の研究グループによって行われました．
確かに多くのブイは南や東に向かう様々な経路をとって移動しましたが，一部
のブイは北側の仙台湾沖や三陸沖へも流されています．高濃度汚染水が北側に
影響を与えなかったと考えるのは誤りです．それを踏まえた上で，汚染の拡がっ
た領域の中でも影響が最も大きかったのは，発電所の南側の海岸沿いの海域だっ
たと考えられています．発電所直近で放射性物質がピークとなったのは 4 月初
旬でしたが，発電所の南 10 ～ 16 km の海岸では，数日から 1 週間程度遅れて
セシウム 137 （^{137}Cs）で 1,000 Bq/L を超えるピークがありました．しかし，発
電所からほぼ同じ距離の 15km 東の沖合では，同時期ないしやや遅れて概ね
200 ～ 300 Bq/L 程度のピークがあったにすぎません．一方で，発電所より北
側の南相馬の 15km 沖合で 4 月 11 日に 760 Bq/L，発電所 30 km 沖合のモニ
タリング点で 4 月 15 日に 186 Bq/L など，スポット的に高い放射能が検出され
た例もあります．これは，海水中の放射能分布が非常に複雑だったことを反映

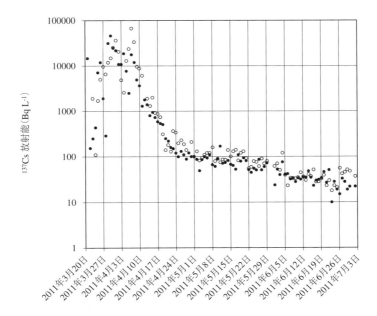

図 2・1　発電所直近（港湾外北側○，港湾外南側●）のセシウム 137 放射能の推移（2011 年 3 ～ 6 月）

していると考えられます．発電所から南に 40km 以上離れている福島県いわき市の沿岸では，2 〜 3 週間遅れで数百 Bq/L に達するピークがあったと推測されます．

このように，汚染された海水によって福島県沖の海水中の放射性物質濃度は 4 月中に急上昇しました．しかし，発電所からの流出が 4 月上旬に急減したことを受け，海水の移動と混合・希釈により沿岸海域の放射性物質濃度はその後急速に低下しました（図 2・1）．このような海水の放射性物質の急増と急減は，開放的な太平洋に極めて短期間に集中して放射性核種が放出された今回の事故の特徴をよく表しているといえます．とはいえ，濃度が薄くなり，かつ東に向かって移動して日本から離れていっても，海洋から放射性物質が消えてしまうわけではありません．物理的半減期に応じて壊変していく部分以外は，何らかの形で海洋に残存することになります．東日本大震災による津波で流失したがれきの多くも東に向かい，アラスカや北米西海岸に漂着していますが，東に向かった海水に含まれる放射性物質の場合は，多くが北太平洋中部で深さ数百ｍまでの亜表層〜中層に海水とともに沈み込み，大部分は北米に到達せずに南側に向かったという研究結果も出されています．

2・4　海底堆積物への移行

1）海底堆積物の放射性セシウム（^{137}Cs と ^{134}Cs）

海水に浮遊する粒状物も海水に溶けている物質も，最終的には海底の堆積物（泥や砂など）へ移行していくと考えられます．すなわち海洋の物質循環は，つまるところ大気や河川から海洋に入ってきた物質が，最終的に海底の堆積物へ埋もれることで，海洋から取り除かれていく過程とみなすことができます．それに要する時間は元素によって様々で，中には無限大に近い時間を海洋内で滞留する元素もありますし，希ガスなど堆積物に除去されない例外的な元素もありますが，海水中のほとんどの元素は海洋を通過点として，海底を目指して移動している途中といってもよいでしょう．放射性核種も例外ではありません．

堆積物への移行の度合いは，元素によって大きく異なることが知られています．福島事故に関して堆積物で得られているデータは，ほとんどが放射性セシウム（^{137}Cs と ^{134}Cs）についてのものですので，以下はセシウムを中心にして議論したいと思います．海水から堆積物への移行の度合いを定量的に示す指標

として，分配係数（K_d）が用いられます．この係数は海水中の元素あるいは核種の放射能（または物質量）に対する堆積物中の放射能（または物質量）の比で定義されます．

$$K_d=（堆積物中の放射能［Bq/kg］）/（海水中の放射能［Bq/L］）$$

堆積物の放射能は乾重量あたりとするのが普通です．セシウムの K_d の IAEA による推奨値は外洋（深海堆積物）で 2,000，沿岸で 4,000 です．すなわち，堆積物中の質量あたりのセシウム 137（^{137}Cs）放射能は海水の数千倍になると予想されます．ただし，この値は十分長い時間スケールでのいわば平衡値です．福島事故のように海水中の放射性物質濃度が時間的に大きく変化した場合は，単純にこの係数を当てはめて堆積物中の放射性物質レベルを予想することはできません．

海底堆積物についての国，県，東京電力の調査は 2011 年 4 月末になってはじまり，データが本格的に得られるようになったのは 5 月以降です．その結果によると，高いレベルのセシウム 137（^{137}Cs）やセシウム 134（^{134}Cs）が検出されるのはほとんどが深度数百 m より浅い海底で，一般には浅いほど（海岸に近いほど）

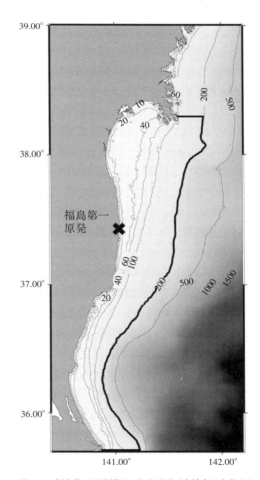

図 2・2　福島第一原発周辺の海底地形（太線内は金華山から銚子にかけての水深 200m 以浅の海域）

放射能が高い傾向がありました．福島県沿岸は，我が国の沿岸としては珍しく200mよりも浅い海底がかなり沖合まで広がっています．この浅い海底は仙台湾で最も沖合まで広がり，南に行くほど狭まっていくような地形になっています（図2・2）．海底堆積物の放射性セシウムの大部分は，この宮城県から茨城県にかけての浅い海底に存在しています．発電所に近いほど全体的には高くなる傾向もあるのですが，陸上の土壌のようにはっきりとした傾向ではなく，むしろかなり広範囲で似たような数値が観測されており，海底地形や堆積物の性状による違いの方が大きくなっています．堆積物の重量あたりの放射性セシウムは堆積物の粒径組成とよい相関があり，同じ場所でも細い粒子が多い泥質の堆積物の方が，砂質など粗い粒子の堆積物よりも放射性セシウムの値が高くなります．一般に粒径が小さい粒子は，質量あたりの表面積が大きくなるため，セシウム吸着や結合も相対的に大きくなり，質量あたりの放射性セシウムの量も大きくなります．また福島県沿岸は，海底に広く岩盤が露出している場所があるなど，海底地形も複雑です．東京大学生産技術研究所の調査などによると，岩盤の縁辺の堆積物で局地的に高い放射性セシウムが存在する場所があるようです．

　海底堆積物表層（0から3または5cmまで）のセシウム137（^{137}Cs）を堆積物の乾燥重量あたりで示した値では，沿岸の高いところで数千Bq/kg，多くは数十〜数百Bq/kgでした．陸上の土壌は，発電所から同程度の距離で数万〜数十万Bq/kgに達することもありますから，海底堆積物の^{137}Csは数十から数万分の1程度，平均的にはおよそ1/100程度でしかありません．これは，海洋に到達した放射性物質の大部分が海水とともに移動しながら速やかに希釈されていった結果，ごく一部だけが沿岸の堆積物に移行したことを反映したものです．発電所からの距離とはっきりした関係が表れないのも同じ理由と考えられます．ただし，発電所の専用港湾内の底質の値は高く，2011年7月には150,000Bq/kgという値が報告されています．なお，この港湾内の値は湿重量あたりで報告されており，前述の乾燥重量あたりの値に直すとさらに高く（福島沖の堆積物では一般に最大2倍くらい）になります．

　海底堆積物に存在しているセシウム137（^{137}Cs）について，国，福島県，東京電力のデータをもとに2012年4〜9月の段階で試算してみました（神田，2014b）．銚子から金華山に至る海岸線の東方沖合の水深200mまでの海域（図2・2）について，表層堆積物の重量あたりデータ（全299データ）から面積あたり積算値（Bq/m^2）を推定して，領域全体の存在量を求めました．面積あたりの積

算値への換算は，東京海洋大学の堆積物データなどから得られた相関関係を用いています．この海域のセシウム 137（^{137}Cs）の全残存量は 93.5TBq（テラベクレル＝ 10^{12}Bq）と算出されました．汚染水による流出量は，3.5 〜 10PBq 程度とすれば，そのうちの 1 〜 3%程度が堆積物に残留したことになります．なお，同じ海域での同時期の海水についての残存量は，国と東京電力の全 636 データから 15.3TBq と算出されています．この計算からも，沿岸の海水に流出した放射性物質の大部分は堆積物に移行する前に，沖合の太平洋に散逸してしまったことがわかると思います．

2）海底堆積物へのセシウムの移行過程

　海底堆積物は，鉱物粒子，シリカ質や石灰質の生物殻，生物体やデトリタス（生物の遺骸や排泄物など）の有機物，粒子の空隙の海水などで構成される複雑な混合物です．セシウムが吸着したり結合したりする度合いは，粒子の種類ごとに大きく異なると考えらます．セシウムは鉱物粒子への吸着性が強く，特に特定の種類の粘土鉱物とは強く結合することが知られています．

　今回の事故後に福島県沿岸で海水の放射性セシウムが堆積物に移行した過程は，必ずしもはっきりわかっているわけではありません．前述のように海水中のセシウムはイオンとして海水に溶けていますが，一部は浮遊する土砂や生物系粒子に吸着され，プランクトンなどの生物にも取り込まれます．こうした粒子が海底に沈降することで，セシウム 137（^{137}Cs）やセシウム 134（^{134}Cs）も海底堆積物（底泥）に移行していきます．このプロセスを担う沈降粒子は，プランクトンなどの遺骸や排泄物などの有機物を中心に，様々な粒状物が凝集して生成したものが主体になります．プランクトンに取り込まれ，あるいは粒子に吸着した放射性セシウムは，粒子とともに沈降して堆積物表面に達することになります．また，今回の事故では，水深の浅い沿岸域の海水が比較的高いレベルの放射性セシウムで汚染されたことから，海底堆積物と汚染された海水の直接的な接触により，堆積物に放射性セシウムが吸着したプロセスが重要であるとする見解も出されています．また地震や津波などによって，海底堆積物上の海水はかなり長期間にわたり巻き上げられた堆積粒子によって懸濁した状態が続いたともいわれています．こうして一時的に懸濁した堆積物粒子に，汚染された海水の放射性セシウムが吸着した可能性も考えられています．

　セシウムについて沈降粒子による輸送が重視されるのは，1986 年のチェルノ

ブイリ事故時の研究に基づいています．事故が起こったのは，海中に係留して沈降粒子を捕集するセディメントトラップという装置がちょうど普及してきた頃で，これによる観測が世界各地で行われていました．チェルノブイリ事故による放射性物質は，ほとんどが大気からの沈着で海洋にもたらされました．各海域のセディメントトラップ観測の結果によれば，海水に含まれる単位面積あたりのセシウム 137（^{137}Cs）のうち，1 年間に 0.2 ～ 1.5％程度が沈降粒子として下方に輸送されていました．今回の福島事故でも，ほぼ同じような除去率が得られています．この除去速度は予想外に速いものです．前述のように，海水中には安定セシウム（^{133}Cs）が含まれていますが，このセシウムは全海洋に平均で約 33 万年滞留するとされています．したがって 1 年間に海底に除去されるセシウムは，全海洋の存在量の 33 万分の 1 になるはずです．事故によって海洋にもたらされたセシウム 137（^{137}Cs）やセシウム 134（^{134}Cs）は，セシウム全体の濃度（2.2nmol/L）を変化させるような量ではありませんから，除去率に変化があるとは思えません．仮に沈降粒子で深層に輸送されたセシウムがそのまま海洋から除去されるとすると，セシウムの滞留時間や除去率と矛盾してしまうことになります．したがって沈降粒子や堆積物にセシウムが速やかに移行する一方で，ほぼ同量のセシウムが沈降粒子や堆積物から海水に戻っていると考えざるを得ないのです．加えて，セシウム濃度の鉛直分布はいわゆる保存成分型（海面から海底まで一定濃度）です．このような保存成分型の分布は，存在量に比べて沈降粒子による表層から深層への正味の輸送が十分小さい元素であることを示すものです．放射性セシウムの沈降粒子への移行は前述のように速やかですが，仮にそれに見合う沈降粒子から海水へのセシウムの回帰が深層で起こるとすると，セシウムが表層から深層へ正味で輸送されることになります．保存成分型の鉛直分布が成り立つためには，このような輸送は（仮に起こっているとしても）セシウムの溶存濃度に比べて十分小さくなくてはなりません．

　同じことは汚染した海水が海底の堆積物に直接吸着したとする考え方についても指摘できます．堆積物中に多く存在する鉱物粒子は比較的強くセシウムを吸着すると考えられていますが，もともと海水中にある安定セシウムの方が放射性セシウムより圧倒的に濃度が高いことから，海水や海底堆積物中の鉱物粒子はすでに吸着できるだけのセシウムを吸着してしまっているとも考えられます．前述のように，福島県沖の海底堆積物に移行した放射性セシウムは，直接流出分の 1 ～ 3％程度ですが，この移行が直接吸着で海底へ不可逆的に除去され

たとすると，やはり除去速度としては大きすぎます．この場合にセシウムの海洋での滞留時間と矛盾しないためには，堆積物からの脱着が相当大きいと考える必要があります．ただし，33万年という滞留時間は海洋全体の平均的なものですから，福島沿岸海域の正味の除去速度が相当大きくても矛盾はないという反論もあります．

　このようにまだ明らかになっていない点は多いのですが，海底堆積物への移行過程は放射性セシウムの堆積物中の存在形態と密接に関係していると考えられます．鉱物粒子に強く吸着あるいは結合したセシウムは容易には離れないとされています．餌とともに鉱物粒子が生物の消化管に入っても生物体に移行するとは限りません．沈降粒子による移行であれば，有機物にも放射性セシウムが存在している可能性が高いといえます．実際に，福島沿岸堆積物では有機物に含まれる放射性セシウムが全体の2割程度を占め，質量あたりの放射能は有機物の方がむしろ鉱物粒子より高いこともわかっています．したがって，海底堆積物への移行には生物起源の沈降粒子も一定の役割を果たしていたことは間違いないように思います．有機物に含まれる放射性セシウムは，生物へ移行する可能性もあります．

3) 海底堆積物中の放射性セシウムの変化

　沿岸域堆積物の表層部のセシウム137（^{137}Cs）は全体としては時間とともに低下する傾向がみられます．しかしその減少は，海水のセシウム137（^{137}Cs）に比べてずっと遅く，非常におおざっぱに言えば，1～2年で数分の1程度になる速さです．この減少の理由も十分には解明されていません．

　まず，堆積物内部で鉛直方向（堆積物下層方向）への放射性物質の拡散・分散がおこることが理由として挙げられます．国などのモニタリングでは表層から3cm（場合によっては5cm）の堆積物について，乾燥重量あたりの放射性セシウム量だけが発表されています．しかし，堆積物内部の放射性セシウムの鉛直分布を調べると，放射性セシウムは表層から10cm程度，場合によってはもっと深くまで検出されています．堆積物内部では間隙水（粒子と粒子の間の海水）を通して，非常にゆっくりですが，物質の拡散が起こります．また底生生物が堆積物内を移動したり穴を掘ったりすることで堆積物層が撹乱されることもあります（生物撹乱）．さらに，堆積物上の海水の流動や，地震や津波などの影響で堆積層が撹乱されることもあります．このような過程を通して，放射性セシ

ウムが堆積物内部に移動すると考えられます．実際に福島県の沿岸海域で調べられた堆積物中の放射性セシウムの鉛直分布を見ると，事故から数カ月しか経過していないものであっても，放射性セシウム濃度が堆積物の比較的下方に最も多く含まれていた例も多数あります．沿岸海域では海底の生物活動も活発で，堆積物上の海水の流動も激しい場合が多く，堆積物内の分布も特に複雑になっていると考えられます．なお，安定な堆積環境のもとでは，表層で最も放射性セシウム濃度が高く，下層に行くに従って低下するような鉛直分布になると考えられます．実際に比較的水深の深い海域ではこのような分布が見られました．これらについても，時間が経過するとともに表層に放射性物質をあまり含まない堆積物が堆積してくるほか，拡散や生物撹乱によってより下方に放射性物質が移行することにより，鉛直的な分布は次第に変化していくと考えられます．

　堆積物表面には，上部の海洋から沈降してきた粒子が少しずつ到達しますが，海底に到達した後も海底表面で再び懸濁したり，海水の流動によって水平移動したりしながら移動する場合もあります．このように堆積物の最表層にある流動性の高い粒子に放射性物質が含まれていれば，この粒子とともに放射性物質も海底表面を水平移動する可能性があります．実際にいわき市沿岸の水深の浅い海域と沖合の深い海域の堆積物表層の放射性セシウムの推移を見ると，事故から1年程度の間に，時間とともに浅海域では放射性セシウムが低下していく一方，沖合域ではゆっくり上昇するような傾向がありました．これは放射性セシウムの水平方向の移動による可能性が高いと思われます．

　さらに堆積物から放射性セシウムが脱着する可能性もあります．ただし放射性セシウムを含んだ堆積物を実験室に持ち帰って行われた実験では，海水への脱着はほとんど見られなかったとされています．脱着が放射性セシウム低下の主要な要因かどうかについてはまだ意見が分かれているといってよいと思います．

　観測点ごとに堆積物表層の放射性セシウムの推移を見ると，半年程度後に顕著に増加した場合や，複雑な増減を繰り返す場合などがあります．水平移動の他に，後述するように河川からは陸上の高濃度の放射線物質を含んだ土砂が流入してくる可能性もあります．ただし，沿岸での海底環境の不均一性を反映して，海底堆積物の放射能は同一地点で採取した場合でも大きくバラつくことがあります．わずかな距離でも海底での放射性セシウムの蓄積状況は大きく異なっている可能性があることから，同一地点で得られたとされる時系列データであっ

ても，その解釈には，注意が必要と考えられます．

2·5　海洋生物への移行

　海洋環境の放射性核種は生物へも移行します．この過程については次章以降に詳しく取り上げられていますが，ここでは海水や海底堆積物の汚染との関係について概略を述べたいと思います．

　生物への放射性核種の移行経路には，餌に含まれる放射性核種が体内に取り込まれる経路と，海水に溶けている放射性核種が鰓，体表，消化管から吸収される経路があります．体内に吸収された放射性核種は，元素の種類によって順次体外に排出されるものと，排出がほとんどなく体内に蓄積していくものがありますが，セシウムやストロンチウムなど海水中の塩類と挙動がよく似ている元素では比較的すみやかに排出されます．海産生物は一般に海水中の塩類が体内に入りやすいため，これを積極的に排出する機構をもつためです．こうした元素では，生体へ移行してくる一方で生体から排出され，両者が概ね釣り合った状態になっていると考えられます．このような状況で，生体外からの放射性物質の取り込みが止まれば，体内の濃度（放射能）は減少していきます．この減少は概ね指数関数的に進行することが知られており，指数関数に近似して体内の放射性物質含量が1/2になる時間を生物学的半減期といいます．種によって異なりますが，魚類のセシウムの場合は数日～数十日とされています．

　今回の事故による沿岸海域の放射性物質濃度は4月頃に急増した後，速やかに低下しました．魚類への放射性物質移行に時間がかかるとすれば，移行する前に海水中の放射性物質が急速に希釈され，魚類などへはあまり移行しないとも考えられました．しかし，早くも2011年4月初旬にはコウナゴ（イカナゴの稚魚）から当時の規制値を上回る放射性セシウム（^{134}Cs と ^{137}Cs）とヨウ素131（^{131}I）が検出され，やがてシラス（カタクチイワシの稚魚）や一部の海藻や底生生物からも同様に検出されました．稚魚は相対的に成長率が高く，体外との物質交換も早いため，海水や餌となるプランクトンの放射性物質が比較的速やかに移行したものとみられます．この時期の海洋生物の放射性物質データはほとんどありませんが，プランクトンなどの小型で寿命の短い（したがって成長や物質交換の早い）生物の一部にも，海水の放射性物質が速やかに移行した可能性があります．半減期の短いヨウ素131（^{131}I）については，6月以降はほとん

ど検出されていません．コウナゴやシラスの放射性セシウムは，6月以降は海水の放射能低下に追随するように速やかに低下しました．一方で，沿岸性の魚種の多くからは，やや遅れて放射性物質が検出され，放射性セシウムは2011年夏から冬頃にかけて最も高くなるような種類が多く見られました．これらの種類でもその後は減少に転じています．大型の成魚などでは，体内のセシウムの交換が遅く，生物体内での放射性セシウム蓄積に時間を要する場合もあります．特に餌からの移行については，食物連鎖のそれぞれの生物での蓄積の遅れが積み重なることで移行に時間がかかる場合もあります．

　一般に魚類では，環境中の放射能レベルが長く一定に保たれれば，体内の放射性セシウムは重量あたりで海水の概ね100倍程度に濃縮されるとされています（IAEA, 2004）．この比は濃縮係数（Concentration Factor）と呼ばれますが，堆積物の分配係数と同様に定常状態を前提にしたものです．ストロンチウムの場合は骨なども含めても濃縮係数は3程度が推奨値とされています．ストロンチウム90（^{90}Sr）については，もともと海水中へもたらされた量が少ない上に，濃縮性が乏しい（濃縮係数が低い）ため，魚類への移行は非常に少ないと考えられます．また水分子として存在するトリチウム（^{3}H）については，濃縮係数は1，すなわち周囲の海水と生体の質量あたり放射能はほぼ等しくなります．なお，一部の海洋生物からは銀の同位体である銀110m（^{110m}Ag）が検出されました．この核種は，流出量や海水中の放射能（濃度）は他の核種よりずっと小さいのですが，生物への濃縮性が高いため検出される場合があると考えられます．

　さて，問題は底魚を中心に放射性セシウムレベルの低下が非常に遅い種があることです．一般の魚類の放射性セシウムは比較的すみやかに低下したのですが，アイナメ，メバル，カレイ類の一部などでは，依然として規制値を超える個体が捕獲されています．こうした種でも大部分の個体は規制値未満ですが，放射能値のバラツキが大きく，一部の個体がまれに規制値を超えることがあるのです．この他に，スズキやクロダイなど，汽水域に生息する魚種でまれに高い値が出るものもあります．

　海水の放射性セシウムの値は大きく低下しましたから，生物学的半減期から期待される排出を前提にすれば，これは放射性セシウムが依然として体外のどこかから移行を続けているためと考えざるを得ません．海水の放射性セシウム濃度から考えて，海水からの移行は非常に少ないと考えられますから，可能性があるのは餌経由だけです．しかし餌となる生物，たとえばプランクトンは世

代時間も短く，セシウムについての生物学的半減期も魚類よりも短いのです．海水の放射性セシウムレベルが下がれば，それに追随して速やかに低下するはずです．とすれば，食物連鎖のどこかに放射能が継続して取り込まれる経路がなくてはならないことになりますが，この点はいまだにはっきりしていません．底魚に放射性セシウムレベルの低下が遅い種が多いことから，堆積物との関係も疑われます．海底堆積物中には，生物の遺骸や排泄物などに由来する有機物性の粒子が含まれ，こうした有機物分画に含まれる放射性セシウムは生物へ移行してもおかしくありません．しかし，魚の餌になり得るような底生生物（ベントス）の放射性セシウムも海底堆積物とほぼ同じような傾向で減少しています．放射能レベルの高いものでも一部の底魚の高い値を説明できるようなレベルではないため，ベントスからの移行でも説明は困難です．

　一方，これまで一般的に言われてきた生物学的半減期が，これらの種ではずっと長いのではないかという指摘もあります．仮にそうだとすると，こうした種では体内のセシウムの交換が非常に遅いことになります．したがって，海水からの取り込みもその分遅いはずで，事故当初の一時的な海水放射能の上昇で体内の放射性セシウムが速やかに非常に高いレベルまで上昇したとは考えにくいのです．この考え方で説明するためには，一部の個体について高い放射性セシウムが体内に入った仕組みを見つけなくてはなりません．発電所の港湾内は，放射能レベルが高く，非常に放射能レベルの高い魚が見つかっていることから，事故後の比較的早い時期に港湾内で汚染された個体の影響を重視する見解もあります．しかし放射能レベルの高い個体は発電所からかなり遠い場所からも見つかっており，見つかる頻度や魚類の行動様式から考えても，港湾の影響だけでは説明しにくいという反論もあります．

　他方で，東京海洋大学などの調査では，沈降粒子や，海底直上を浮遊するマリンスノーの一部で非常に高い放射性セシウムが検出されています．海岸に近い場所のプランクトン試料からも，高い放射性セシウムが検出されることがあります．今回の事故では，短期間に大量の放射性核種が放出されたため，プランクトンの放射性核種濃度が一時的に非常に高くなり，沈降粒子やマリンスノーの形で，海底に残存している可能性も考えられます．また，こうした生物に移行しやすい形態の放射性核種が，海底の特定の場所に集積している可能性もあります．しかし，この粒子と魚の間をつなぐ餌となる生物が確認されているわけではありません．さらに，汽水性の魚類でまれに高い放射能が検出されるこ

とから，河川からの陸上由来の放射性物質の影響も考えられます．

　福島県の沿岸海域では，試験操業を除いて沿岸漁業全体が休止状態になっています．規制値を超える個体の出現がなくならない限り，漁業の全面再開は困難と考えられます．その意味で，魚類に放射能レベルが高い個体が出現する機構の解明と，関連する海洋環境の放射性セシウムの動きを解明することが非常に重要な課題になっています．

2・6　現在の海洋への放射性物質供給と今後の見通し

　前述のように福島県沿岸の海水のセシウム 137（^{137}Cs）とセシウム 134（^{134}Cs）は 2011 年 4 月以降急速に減少しましたが，5 月ころには明らかに低下のペースが落ちてきました（図 2・1）．半減期が 8 日のヨウ素 131（^{131}I）は放射壊変の効果で検出されなくなりました．セシウム 137（^{137}Cs）やセシウム 134（^{134}Cs）については 2011 年夏以降は放射性物質濃度の減少が非常に緩慢になりました．セシウム 137（^{137}Cs）の値でみると，2014 年春の段階では発電所直近で時に 2 ～ 3Bq/L 前後に達することがあるものの，その他の福島沿岸海域では事故前のレベルの数倍から数百倍程度（多くは 0.001 ～ 0.1Bq/L の桁）で，ほとんど変化しない状態で維持されています．依然として事故前のレベルよりは高いので，放射性物質がどこかから供給され続けていると考えざるを得ません．すなわち，継続的な流出と，太平洋への散逸が釣り合った状態になっているのであろうと考えられます．

1）陸域からの流出

　前述の通り，セシウム 137（^{137}Cs）などの放射性物質は，面積あたりでは，海洋に比べて圧倒的に陸上の方に多く残留しています．したがって，河川などを経由しての海洋への流出が無視できない可能性が高く，研究の 1 つの焦点になっています．実際に福島から遠く離れた東京湾の堆積物でも，荒川河口などを中心に比較的高い ^{137}Cs が検出されました．これは主に関東地方の陸地に沈着した放射能が土砂などの粒状物として河川経由で運ばれて蓄積しているためです．もちろん福島沿岸海域でも同様の流出が起こっていると考えられます．

　極めて単純な試算として，先ほどの残存量の計算と同じ銚子から金華山に至る海岸線に流入する河川について，2012 年 4 ～ 9 月のセシウム 137（^{137}Cs）供

給量を見積もってみました（神田，2014b）．今後の研究が進めば，より正確な数値が得られるようになるはずで，あくまでも暫定的な試算です．河川水流入量については，降水量に流域面積を乗じ，流出係数を0.7として概算値としました．河川水の^{137}Csは環境省のモニタリングによれば，ほぼ全てのデータが1Bq/L以下と報告されています．1Bq/Lとして毎月1.3TBqの流入と計算されます．実際には，福島県内の河川水について高感度分析が行われたデータによれば，ほとんどが0.1Bq/L以下ですので，最大でも1月に0.13TBqあるいはそれ以下としてよいと考えられます．一方，河川からの土砂（浮遊砂および掃流砂）については，比流出土砂量を300m^3/km^2/年と仮定し，流域面積と環境省の河床および河岸堆積物の^{137}Csモニタリングデータから，毎月0.78TBqと計算しました．

　この試算のように陸上からの流出は，多くは土砂などの粒状物によるもので，水に溶存しているセシウム137（^{137}Cs）の影響は小さいと考えられます．陸域で鉱物粒子に吸着した放射性セシウムは，生物への移行性も低いと考えられますが，海水中に移行した場合の脱着の可能性などについては十分にわかっているわけではありません．また河川の輸送する粒状物は土砂だけではなく，場合によっては生物起源の有機物粒子なども考えられます．特に汽水性の魚の一部に比較的高い放射性セシウムが検出されることから，陸域起源の有機物粒子については十分な研究が必要と思われます．また，河川の物質輸送は流域に降水があったときの寄与が大きく，大規模な降雨があると流出する物質は量的にも質的にも大きく変わります．陸域からの流出は今後も継続すると考えられますので，海洋生物への影響を含めて，将来にわたる推移とその影響について評価していくことが必要と考えられます．

2）発電所からの継続流出

　福島第一原発の専用港湾は，防波堤で囲われた人工港で，3つの部分から成り立っています（図2・3）．港湾の入口から船舶の着岸できる岸壁（物揚場）に至る面積の最も大きい港湾の中央部に隣接して，突堤で仕切られた1〜4号機前と5〜6号機前の「取水口開渠部」といわれる区域が2カ所あります．原子力発電所の冷却に使用する海水は，この取水口開渠から導入する設計になっています．取水口開渠と港湾中央部の間には，水面から一定の深さまで壁を設けたカーテンウォールと呼ばれる構造物で仕切られていますが，底層部分で海水は流通

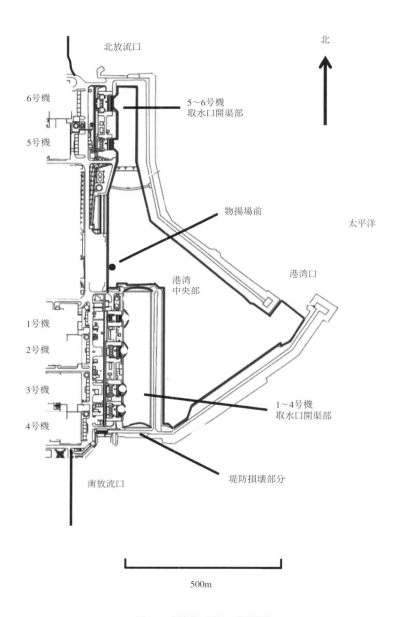

図 2・3　福島第一原発の専用港湾

できます．2011 年 4 月の汚染水流出後の対策の一環として，カーテンウォール部分には「シルトフェンス」が設置され，海水の流動を抑制していますが，これは海水の流通を完全に止める効果はありません．

　港湾内の海水の放射性物質濃度も，発電所近傍と同じく急減して，最近はほぼ横ばい状態です．しかし，1 ～ 4 号機前の取水口開渠部の放射性物質濃度は，港湾中央部より高い状態がずっと続いています．さらに港湾中央部の放射性物質は港湾外の海水より高い状態が続いています．海水の流通が可能な港湾内で，放射性物質濃度がほぼ横ばい状態で，かつこのような放射性物質の濃度差が維持されていることは，取水口開渠部への少量ずつの流出が継続している証拠になります．なお，港湾内や港湾外の発電所直近で継続して検出されている放射性セシウムのレベルは，前述の濃縮係数 100 が適用できると考えれば，規制値（100Bq/kg）を超える魚が出現し続ける可能性があることを示しています．この意味で，継続流出の環境への影響が無視できるということはできません．

　さて，発電所の専用港湾は入口で外海と水が自由に交換できます．さらに 5 ～ 6 号機取水口開渠では，事故直後から 5 号機と 6 号機の冷却継続のため仮設水中ポンプから海水が継続的に取水され，港湾北側の放水口から放流され続けています．したがって 5 ～ 6 号機取水口開渠部は港湾中央部と比較的海水がよく交換した状態と考えられます．筆者はこの部分を一体の領域として扱って，放射性物質収支の計算を行いました．この領域内で東京電力が継続して海洋の放射能を調査していた場所は，港湾の係船施設付近の「物揚場前」だけです．

　前述の通り，2011 年 4 月 6 日の早朝に 2 号機取水口の汚染水流入が封止されました．物揚場前海水のセシウム 137 (^{137}C) 放射能は 4 月 6 日まで急増していましたが，この日以降は急減しています．その減少は指数関数によく適合し，4 月 6 日から 19 日までの減少についての時定数は 0.44 日$^{-1}$ と計算されました．このような指数関数的な減少は，港湾海水が外海と一定の割合で交換を続けていると考えれば，よく説明できます．すなわち上述の理由で港湾中央部と 5 ～ 6 号機の取水口開渠部の海水を一体のものとして扱うと，この部分の海水の 44% に相当する量が毎日置き換わることになります．東京電力によるデータから，港湾外の海水の放射性物質レベルや 4 月 6 日以降の港湾への放射能移行は，海水交換の推定に大きく影響しないと考えられました．

　福島沿岸の潮汐は干満差が 0.7m 程度で通常は 1 日 2 回の満ち引きがあります．港湾の平均水深を 7m と考えると 0.2 日$^{-1}$ 程度の交換が説明できます．潮汐以

外にも風や波の効果などで海水流動がありますから交換はさらに上乗せされます．さらに5～6号機前の取水口開渠からの冷却水取水で0.1 日$^{-1}$ 程度が説明できます．以上から，0.44 日$^{-1}$ という交換率は現実にかなり近いと考えられます．この海水交換率はその後もあまり変化していないと考えられます．東京電力は汚染水の拡散防止のため，シルトフェンスの設置や取水口への角落としの設置，1～4号機取水口開渠と外海の堤防の補強，取水口開渠海底のコンクリート被覆などを行ってきましたが，港湾中央部と外海の海水交換に限れば影響を与えるものとは考えられません．

　物揚場前のセシウム137（^{137}Cs）は数カ月程度の時間スケールではほぼ一定と見なすことができますから，海水交換による港湾からの流出と港湾への流入が釣り合っていることになります．したがって定常状態を仮定すれば，この海水交換率を用いることで移入と流出の速度を計算できます．このように推定したセシウム137（^{137}Cs）の港湾への流入と外海への流出量は，2011 年6月から2012 年9月までの合計で 17.1TBq になりました．これは事故当初のセシウム137（^{137}Cs）の流出量の1% 以下に過ぎません．1 日あたりの流出は，次第に減ってきています．2012 年夏の段階では，1 日平均 0.0081TBq の流出がある計算になりました．港湾内のセシウム137（^{137}Cs）濃度から，現在でもその半分～1/3 程度の流出は続いていると考えられます．

3）汚染水流出の経路

　放射性セシウムの流出が継続していることについては，2011 年の段階から研究者の間では広く認識されていました．2013 年5月になって，1～4号機取水口開渠に面した発電所敷地内の地下水中のトリチウム（^{3}H）やストロンチウム90（^{90}Sr）の濃度が前年の12 月の測定から大きく上昇したことが明らかになりました．この地下水が専用港湾に流出する可能性が指摘され，2013 年夏には継続流出の問題が大きく報道されました．発端が地下水でしたから，地下水経由でのトリチウム（^{3}H）やストロンチウム90（^{90}Sr）の流出が大きく注目されました．しかし海洋への流出経路については，地下水だけでなく，様々な流出源と流出経路があると考えられます．特にセシウムは細粒の粘土鉱物に吸着されやすいことが知られていますから，土壌を浸透するような経路での流出は非常に小さいはずです．東京電力の公表データを見ると港湾取水口のセシウム137（^{137}Cs）は，3 号機の前面が最も高く，地下水経由の流出が懸念されたトリチウ

ム（^{3}H）やストロンチウム 90（^{90}Sr）は，1 〜 2 号機の前面での方が相対的に高くなっています．放射性セシウムを多く含む汚染水が 3 〜 4 号機方面の地下坑などに残存し，おそらくは配管やクラックなど大きな隙間を経て少量ずつ流出するものと思われます．流出源となる汚染水は，建屋地下，地下坑，管路など様々な場所にあって，場所によってセシウム 137（^{137}Cs），トリチウム（^{3}H），ストロンチウム 90（^{90}Sr）の相対比が異なっているようにも考えられます．流出源も流出経路も複数存在し，その実態は明らかになっていないと見るべきでしょう．

　国と東京電力は地下水などによる流出を止めるために，海側の遮水壁建設，建屋の地下を取り囲む土を凍らせて地下水移動を阻止する凍土壁の設置，など様々な対策を行っています．しかし，流出源や流出経路の解明を十分行わない中で，とりあえず多重に囲んでしまおうとするかのような対策については，費用対効果の面も含めて検討の余地があるように思います．

4）今後の海洋汚染の可能性

　2011 年 5 月末の時点では，1 〜 4 号機建屋地下などの滞留水のセシウム 137（^{137}Cs）は 160PBq に達していたとみられています．この量はチェルノブイリ事故により放出されたセシウム 137（^{137}Cs）の全量の約 2 倍に相当します．万一この滞留水が海洋に流出していれば，文字通りの意味で原子力発電史上最悪の環境汚染になっていたはずでした．幸い，この地下の滞留水の放射性セシウムは東京電力によるくみ上げ処理によって大幅に減って，とりあえず大規模流出の危機は回避されました．ただし建屋の地下では地下水の流入が続き，くみ上げを続けても滞留水は一向に減らない状態が続いています．

　東京電力による汚染水処理は，セシウムを除去した上で，処理後の水から一部を逆浸透処理によって他の塩類も除去して原子炉注水に使い，残りの水（逆浸透によって塩類が濃縮しているいわゆる濃縮塩水）については，地上のタンクに保管するものです．つまり，くみ上げ処理された汚染水に含まれるセシウム以外の放射性核種は，場所を変えても水に溶けた状態で残ったままです．滞留水の量が減らない状態が続いていることから，タンクに貯蔵されたセシウム以外の放射性物質を含む汚染水の量は増え続けてきました．水を封じ込めることは意外に簡単ではありません．タンクからの汚染水漏出事故が続いていることが何よりの証拠です．地上タンク以外にも，損壊した原子炉内に大量の放射性核種が，水に溶けた（あるいは溶けやすい）不安定な状態で残されていると

いう指摘もあります．何らかの災害などが起こったときの海洋汚染の可能性は
否定できないと思います．

　タンクの汚染水について，東京電力はセシウム以外の他の放射性核種を除去
する装置（ALPS）の運転を開始しています．この処理の成否は将来の海洋汚染
の可能性を考える上で，非常に重要な意味をもちます．ただし，この処理がう
まくいっても，水分子の水素として含まれるトリチウム（^{3}H）だけは除去でき
ずに残りますから，トリチウム（^{3}H）を含んだ水の処理が最終的に大きな課題
になります．

　さて原子炉に注入される水は，セシウムを取り除いてありますが，脱塩処理
によってもストロンチウムなどは十分に除去されないとされ，ある程度のスト
ロンチウム 90（^{90}Sr）などが含まれています．またトリチウム（^{3}H）は全く除
去されていません．さらに，事故当初のように高濃度の汚染ではありませんが，
この注入水は原子炉内の放射性物質で再び汚染されます．くみ上げ，注水，地
下水による希釈が続いた結果，地下の滞留水では放射性セシウムに比べて相対
的にトリチウム（^{3}H）やストロンチウム 90（^{90}Sr）の濃度が高くなってきてい
ます．この相対比の変化が，発電所からの流出にも反映している可能性があり
ます．実際に港湾内の海水についてセシウム 137（^{137}Cs），トリチウム（^{3}H），
ストロンチウム 90（^{90}Sr）の相対比を見ると，事故直後は圧倒的に濃度の高かっ
たセシウム 137（^{137}Cs）は急減後もゆるやかな減少傾向が続いたのに対し，ト
リチウム（^{3}H）とストロンチウム 90（^{90}Sr）はある時期からはほぼ横ばい状態で，
現在では放射能（Bq）ベースではトリチウム（^{3}H）とストロンチウム 90（^{90}Sr）
の方がセシウム 90（^{137}Cs）よりも高くなっています．

　以上のような状況を考えると，今後の海洋汚染についてはストロンチウム 90
（^{90}Sr）とトリチウム（^{3}H）についても十分に考慮する必要があります．ストロ
ンチウム 90（^{90}Sr）の生物や堆積物への移行は小さいとされており，実際の堆
積物や海洋生物のデータでも極めて低いレベルにとどまっています．しかし，骨
への蓄積性の懸念もあり，今後の継続流出の推移とあわせて，監視が必要と思
われます．一方，トリチウム（^{3}H）は水分子の水素として挙動するため，生物
での濃縮はほとんどありません．また内部被ばくによる人の健康への影響はセ
シウム 137（^{137}Cs）の約 3 桁低いとされています．ただし，最後まで取り除け
ないトリチウム（^{3}H）については，海洋に放流する可能性も検討されています
から，同様に今後の注視が必要と考えられます．

参考文献

原子力災害対策本部（2011）：原子力安全に関
　する IAEA 閣僚会議に対する日本国政府
　の報告書 , http://www.kantei.go.jp/jp/topics/
　2011/iaea_houkokusho.html.

IAEA (2004) Sediment Distribution Coefficients
　and Concentration Factors for Biota in the
　Marine Environment, Technical Report Series
　No. 422, IAEA, 95pp.

IAEA (2005)：Worldwide Marine Radioactivity
　Studies (WOMARS), IAEA-TEDOC-1429,
　IAEA, 187pp.

Kanda, J. (2013)：Continuing ^{137}Cs release to the
　sea from the Fukushima Dai-ichi Nuclear
　Power Plant through 2012, *Biogeosciences*,
　10, 6107-6113.

神田穣太（2014a）：放射性核種の海洋環境へ
　の影響 , エネルギー・資源 , 35, 105-109.

神田穣太（2014b）：福島沿岸海域におけるセ
　シウム 137 収支と生態系移行 , 原子力誌 ,
　56, 240-244.

Povinec, P. P., K. Hirose, and M. Aoyama (2013)
　Fukushima Accident-Radioactivity Impact on
　the Environment, Elsevier, 382 pp.

Yoshida, N. and J. Kanda (2012)：Tracking the
　Fukushima radionuclides, *Science*, 336, 1115-
　1116.

3章 水生動物における放射性物質の取り込みと排出

―――――――――――――――――― 渡邊壮一・金子豊二

　東日本大震災に伴う東京電力福島第一原子力発電所（以下，福島第一原発）の事故によって，放射性物質，特に放射性セシウム（Cs）が陸域および海洋域に拡散しました．また今後の対処の如何によっては放射性ストロンチウム（Sr）の海洋への拡散も起こり得ることが懸念されています．このような放射性同位元素がどのように水中に生息する生物の体内に取り込まれ，そして蓄積または排出されるのかを解明することは，今後の汚染状況の推移を予想する上で重要と言えます．本章では水生生物がもつ生命維持機構とこれら放射性物質の体内への取込・排出を含めた挙動との関係性について理解を深めることとします．

3·1　放射性物質と恒常性維持機構の関係

　一般に放射性セシウム（Cs）およびストロンチウム（Sr）は生体内ではそれぞれカリウム（K）およびカルシウム（Ca）と同様の挙動をすることが知られています．このような元素が生体に取り込まれ，生体内を移動，排出されるときは電離した状態，イオンとして存在している必要があります．そのため放射性セシウム（Cs）やストロンチウム（Sr）についても，イオン態で存在しているものが生物の元々もっているイオン輸送メカニズムを介して取り込まれる経路が主であると考えられます．このように生物の中でのカリウム（K）・カルシウム（Ca）の挙動や存在様式を理解することが，放射性セシウム（Cs）・ストロンチウム（Sr）の生物への影響を考える上では重要ということになります．

　それではカリウム（K）とカルシウム（Ca）の生体内での存在様式から見てみましょう．まずカリウム（K）については生体内で存在する場合，そのほぼすべてがイオン態[注1]で存在していて，細胞内に多く存在するという特徴がありま

[注1] イオン：電荷を帯びた原子あるいは原子団．ここではアルカリ金属としてのカリウム（K）が，塩素（Cl）などの酸と塩をつくり，水に溶けて解離して，細胞内外の液中で K⁺，Cl⁻ のような，電荷を帯びた原子として存在することをイオン態と言っている．

す．その濃度には差こそありますが，この特徴はすべての多細胞動物に共通です．またカリウム（K）は細胞内外での入れ替わりが盛んに行われていて，細胞内に多く貯められているように見えているに過ぎません．例えば，栓を抜いたお風呂に出ていくのと同じ量のお湯を足し続けたら，お風呂にはお湯が張られた状態を維持できますが，実体としては絶えず水は入れ替わっているような状態と考えればよいでしょう．セシウム（Cs）について話を移すと，よくセシウム（Cs）が筋肉に「蓄積」されるという表現が使われますが，このようなカリウム（K）の性質を考えると厳密には正しくありません．「蓄積」とは蓄える，貯めるといった意味がありますが，常に入れ替わっている状態では，「多く存在している」という方が正しいでしょう．これに対してカルシウム（Ca）は脊椎動物においてその大部分はリン酸カルシウム［$Ca_3(PO_4)_2$］として骨に存在します．無脊椎動物においても甲殻類や貝類はその外骨格を形成するために炭酸カルシウム（$CaCO_3$）としてカルシウム（Ca）を利用しています．これらは難溶性で通常の体液の状態ではほとんど溶け出しません．このように溶存態でない状態に移行するとその入れ替わり速度は極端に低下してしまいます．このようなものに放射性ストロンチウム（Sr）が入ると，なかなか入れ替わらないため，蓄積した状態になると言えます．大まかに言えば，カリウム（K）は細胞内に，カルシウム（Ca）は骨に存在しやすく，セシウム（Cs）とストロンチウム（Sr）もそれぞれ同じということになります．ここまで述べたカリウム（K）とカルシウム（Ca）などを含めた様々なイオンの生体内での存在様式は生息環境に依らず一定です．このことを体液の恒常性維持，ホメオスタシスと呼び，これが破綻することはすなわち生命活動の破綻を意味します．しかし体の外側の水環境中の各種イオン環境は多様で，ほとんどの場合，生体内イオン環境と大きく異なります．水生動物はそのような環境において，多くのメカニズムを組み合わせて体内イオン環境を保っているのです．それではまず，水中に生息する生物体内のイオン環境およびそれを維持するためのイオン輸送機構について主に魚類に着目して理解を深めることとしましょう．

　ひとことで魚類と言ってもここに含まれる生きものはとても多彩です．また水環境についても海水はその組成が世界中でほぼ均質と言ってよいのに対して，淡水はそのイオン組成まで着目するととても多様です．たとえばミネラルウォーターのラベルに主なイオン組成が表示されていますが，それらを見てみても特定のイオン濃度が非常に高いもの，逆に低いものなど，様々な種類が存在する

ことがわかります。さらに汽水域、つまり河口域で淡水と海水が混ざり合う環境では、潮汐によって刻々と環境塩分濃度が変化し続ける状態にあります。しかし、それらの水環境で水生生物が存在しない水域はほぼ存在しないと言ってよいほど、様々な生物が多様な環境に適応して生息しています。どのようにそれらの環境に生物が適応[注2]しているのかを理解する上で、その環境の状態を知ることが重要になります。

　まずは海水と淡水のイオン環境の違いについて見てみましょう（図3・1）。海水と淡水の大きな違いとして、ナトリウム（Na）イオンおよび塩化物（Cl）イオン濃度の差が挙げられます。しかし、他のイオン濃度についても淡水と海水では大きく異なります。例えば淡水の例として東京の水道水について海水と比較すると、ナトリウム（Na）イオンは500倍、塩化物（Cl）イオンは800倍の差があります。そしてその他のイオンについてもカリウム（K）は100倍、マグネシウム（Mg）は200倍ほど海水の方が高い値です。またカルシウム（Ca）イオンについては淡水と海水の間に10倍程度しか差がないことも見てとれます。石灰岩地形をもつ地域では硬水と呼ばれるミネラルの豊富な淡水が存在しますが、これらに含まれるイオンはカルシウム（Ca）が主なものであって、海水中のカルシウム（Ca）を上回る濃度を含む淡水も存在します。このように水環境は多様なわけですが、魚類の体内に目を向けると、私たちが一般に「さかな」と

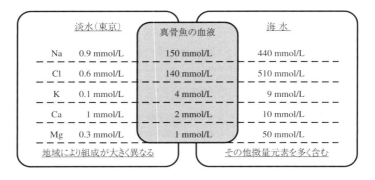

図3・1　いろいろな水域のイオン濃度と真骨魚の血液イオン組成

[注2] 適応：生物が種として、環境に応じて、長い時間をかけて、形態・生理的な特性を変化させること。

してイメージする真骨魚類[注3]の血液イオン組成は生息環境によらず，ほぼ一定の値に維持されています．またそのイオン組成は我々ヒトのような陸上脊椎動物ともほとんど同じものになっていますが，その調節メカニズムは大きく異なることが知られています．それを簡単に表したのが図3・2にあるような魚類の浸透圧調節機構のモデルとなります．このような図は高校生物の教科書や資料集などで見つけることができますが，まずは環境水と接している体表での物質の受動的移動[注4]，拡散について見てみましょう．

　ここまでで環境水中のイオン濃度と魚類の血中イオン濃度が異なることを示してきましたが，そのような状態の時には，溶媒や溶質の移動によって，隔てられた両者の物理化学的状態を等しくしようとする現象が起こります．つまり溶媒である水は溶質のモル濃度[注5]の和が低い方から高い方へ移動しようとしますし，溶質であるイオンについても各イオンのモル濃度の和の差，そしてそれぞれのイオン濃度の差に応じて，高い方から低い方へ移動しようとします．つまり海水中では水は生体から環境へ移動し，イオンは環境水から生体内へ流入してしまうことで，脱水と血液イオン濃度上昇の危険に常に曝されています．ま

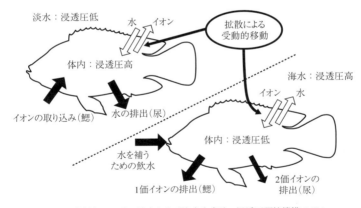

図3・2　真骨魚における淡水および海水生息時の浸透圧調節機構モデル

注3　真骨魚類：真骨魚を最新の分類学的考え方にもとづいて簡単に説明することは難しい．ごく簡略化すれば，しっかりしたあごの骨をもった魚の中で，カルシウムを多く含む硬く比較的軽い骨と鱗をもち，すじ状の条に支えられた膜状の鰭をもつ魚．現存する魚（たとえばタイ，コイ，フグ，マグロなど）の多くは真骨魚

注4　受動的移動：エネルギー消費を必要とする輸送を伴わない，濃度勾配に沿った拡散による移動．

注5　モル濃度：含まれる分子の数で表した溶液の濃度：1リットルに1アボガドロ数（6 × 10²³個）の分子が含まれる濃度が1mol/L（1モル・パー・リットル）

た逆に淡水中では生体内に水が流入し，イオンは体内から失われる危険に曝されています．このような環境から受ける負荷を浸透圧[注6]ストレスと呼び，魚類は環境水と接する上皮細胞の水・イオンの透過性を低く保つことでこのストレスの軽減を図っています．一般に細胞膜の物質透過性はかなり低いことが知られており，脂溶性成分以外については特定の輸送体が存在しない限り，なかなかそのバリアを通過することができません．これはイオンだけでなく水についても同様で，生体内での水の移動にはアクアポリンと呼ばれる水チャネルタンパクが重要な働きをしていることが知られていて，このチャネルが存在しない場合，細胞膜を水はほとんど透過できません．つまり，好ましくない方向に物質を移動させてしまう輸送体タンパクを環境水に接する細胞膜に存在させないことで細胞のバリアは成立しうることがわかります．さらに上皮[注7]バリアを構成する細胞同士の隙間を通した物質移動の抑制も，浸透圧ストレスの軽減に重要となります．魚類の体表上皮細胞の隙間にはタイトジャンクションと呼ばれる構造が見られ，いわばジップロックやパッキンのように細胞と細胞の隙間をぴったりと閉めています．近年，この構造を形成するクローディンと呼ばれるタンパクに関する研究が魚類でも行なわれており，上皮細胞による物理バリアとしての特性が環境条件によって変化することも考えられています．このようなバリアが存在していても，物質の移動を完全に抑制することは不可能で，体内のイオン環境を積極的に調節するイオン輸送機構の働きが浸透圧調節に重要となります．

3·2　真骨魚の腸におけるイオン輸送機構

浸透圧調節はエネルギーを用いる能動的な物質輸送によって行われますが，図3・2に示すように海水を飲んで水を補給するなど，我々陸上動物の常識からはすぐにそのメカニズムが理解しにくいものもあります．近年になって，これら浸透圧調節に重要なイオン調節機構を担う分子メカニズムの詳細が明らかにされてきています．ここからその機序などについてカリウム（K）・カルシウム（Ca）

[注6] 浸透圧：半透膜を介して濃度の異なる溶液が接すると，濃度の薄い溶液から濃い溶液に水が移動しようとする．この時生じる圧力を浸透圧という．浸透圧は溶液の濃度差と温度に依存するので，溶液はその濃度に応じて浸透圧をもつと考えることができる．そこに含まれる物質の分子の総量すなわちモル濃度でそれぞれの溶液の浸透圧を表せば，溶液の濃度の差に応じて圧力が生ずるものとして計算可能である．

[注7] 上皮：体の表面や体腔（たとえば，胃や腸）の表面を覆う組織．

の輸送・移動が関わる部分に重点をおいて理解を深め，セシウム（Cs）・ストロンチウム（Sr）の生体内挙動について考察することとします．

　まず海水魚は前述の通り，海水を飲むことによって体内で不足する水を補給します．海水を飲むと，見かけ上は体内に入ったように見えますが，消化管内は厳密には体外であり，そこから血液へと水を移動させなければ，水を補給したとは言えません．例えば我々が食事として取り込んだものは見かけ上は体内に入っていますが，それを消化して吸収しないと栄養分として利用することはできないのと同じことです．ここで問題となるのが，水の輸送メカニズムです．水については能動的に輸送することができず，浸透圧勾配に従った移動のみが可能です．つまり魚が飲んだ海水の浸透圧を下げない限り，消化管内から体内への水の移動は起こりません．そこで海水に生息している真骨魚類では，水を得るためにまず消化管で本来過剰となるイオンを体内に取り込んでいます．実際に海水に適応したニホンウナギ消化管内液を調べてみると腸の後半部での浸透圧は血液浸透圧よりわずかに低い状態となっていることが示されています（Kim _et al._, 2007）．この浸透圧勾配の形成によって体内への水の移動が可能となっているのです．腸内から体内への水の移動については腸上皮細胞に発現する水チャネル，アクアポリン 1 を介して行われていて，このチャネルの腸での遺伝子発現[注8] は海水に適応している個体でのみ高い状態となります．また腸における浸透圧勾配形成メカニズムを担う分子がナトリウム（Na）・カリウム（K）・塩化物（Cl）イオン共輸送体（NKCC）とナトリウム（Na）・塩化物（Cl）イオン共輸送体（NCC）です．それぞれ名前の通りナトリウム（Na）とカリウム（K）と塩化物（Cl）イオンを 1:1:2 で輸送する性質とナトリウム（Na）と塩化物（Cl）イオンを 1:1 で輸送する性質をもっています．図 3・1 に示した海水の組成を見ると，ナトリウム（Na）と塩化物（Cl）イオンに比べてカリウム（K）濃度は低いことがわかります．そのため NKCC のみでイオンの取り込みを行おうとすると腸の最後部でカリウム（K）濃度は他の 2 つと比較して不足することが考えられます．そのため腸の最後部では NKCC に代わり NCC の発現が高くなり，より効率的に消化管内液の浸透圧を低下させ，体内に水を最大限取り込むことを可能にしています（図 3・3）．

[注8] 遺伝子発現：DNA として保存されていた遺伝情報が mRNA として読み取られ，それに従って必要なタンパク質が作られて，生物の機能や形態として現れる過程をいうが，実際には，mRNA が存在することをもって，遺伝子の発現とすることが多い．

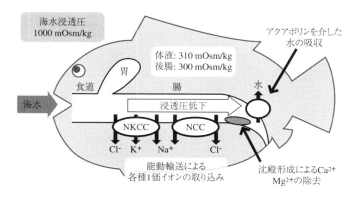

図 3・3　海産真骨魚の腸で行われるイオン輸送機構

　海水の組成に戻ると，カルシウム（Ca）やマグネシウム（Mg）も含まれています．そして，水が体内に移行するようになると，何らかの調節がなければ，濃縮されるはずです．実際にニホンウナギにおける腸の後半部での各種イオン濃度はナトリウム（Na）が 20 mmol/L，カリウム（K）が 2 mmol/L，塩化物イオンが 60 mmol/L 程度と軒並み取り込みによってその濃度が海水と比較して低下しているのに対して，カルシウム（Ca），マグネシウム（Mg）については 10 mmol/L，150 mmol/L と横ばいおよび上昇しています．マグネシウム（Mg）を取り込んでいないと仮定すると飲んだ海水量の 2/3 が水として取り込まれた計算になりますが，実際にはさらに多くの水を魚は取り込むことが知られています．単純にカルシウム（Ca）とマグネシウムも一旦体内に取り込めばいいと考えがちですが，真骨魚類は全く異なるメカニズムによって，消化管内にある「イオン状態・溶存態」のカルシウム（Ca）やマグネシウム（Mg）濃度を低下させています．その方法とは消化管内に重炭酸イオンを分泌し，炭酸カルシウム（Ca）・マグネシウム（Mg）沈殿を積極的に形成させてしまうというやり方です．浸透圧とは溶媒に溶けている溶質のモル濃度によって定義・構成されるため，沈殿させて非溶存態としてしまえば浸透圧を考える上では溶液中から除去された状態ということになります．この方法であればわざわざ一旦体に取り込んで再度排出する必要もなく，糞と一緒に排出できます．海水魚を絶食状態においてみると，その消化管内には何も食べていないにも関わらず，白色の糞のようなものが形成されます．これはカルシウム（Ca）ケーキと呼ばれ，カルシウム（Ca）75％，マグネシウム（Mg）25％ 程度の割合で構成されるマグネシウムカルサイ

トが主要成分であることがわかっていて，これらの元素は明らかに海水に生息する真骨魚類にとって過剰であることが示されています（馬久地ら，2010）．このようなことから海水魚はカルシウム（Ca）・マグネシウム（Mg）を取り込む特定の機構を活性化させることは考えにくく，急激な硬骨化を要する変態期以外のほとんどの場合，海水魚では主に拡散によって体内へ移行すると考えられます．また，このような腸におけるイオン輸送などは浸透圧調節のために欠かせないプロセスであることから，取り込んだ餌が消化管内にある状態でも恒常的に行われている必要があります．そのため，放射性セシウム（Cs）やストロンチウム（Sr）を含む環境水を飲んだ場合に限らず，それらを含む餌生物を摂取した際の体内への移行も同じメカニズムが関与する可能性が高く，このメカニズムの魚種による特性や温度依存性などを明らかにすることで，体内への移行動態について知ることができると考えられます．

　次に淡水魚の消化管に目を移してみると，淡水中ではほとんど水を飲むことはなく，摂餌とともに消化管内にわずかな環境水が移行するに過ぎません．しかし，ニホンウナギでの研究により，海水環境下で飲んだ海水を脱塩するために重要な NKCC および NCC が淡水飼育下でも発現することがわかっています．特に NCC に至っては淡水ウナギでの遺伝子発現が海水ウナギと比較しても高くなります（渡邊ら，2011）．このことは，海水環境下では水を補給するために仕方なく各種 1 価イオンを取り込むメカニズムを，淡水環境下では餌から不足しがちな各種イオンを取り込むシステムとして利用していることを示唆しています．また淡水中においては腸でのカルシウム（Ca）取り込みも必要となることが考えられますが，そのような機構の有無についてもあまりわかっていないのが現状です．興味深いことに，ヒトなど哺乳類で消化管におけるカルシウム（Ca）取り込みに関与するカルシウム（Ca）輸送体（TRPV5/6）は，魚類において腸ではなく鰓で発現し，カルシウム（Ca）の取り込みに重要であることが報告されています（Vanoevelen *et al.*, 2011）．過去の知見から未知のカルシウム（Ca）輸送経路が魚類の腸に存在することが示唆されていますが，カルシウム（Ca）不足状態においては消化管と鰓が協調してカルシウム（Ca）濃度を維持していると考えられます．特に淡水魚の場合，ストロンチウム（Sr）の取り込み経路を明らかにするには，腸と鰓でのカルシウム（Ca）取り込み機構を検討することが肝要と言えます．

3・3 真骨魚の鰓におけるイオン輸送機構

　海水魚において，拡散および水を補給するための取り込みによって体内に移行した各種1価イオンが体内で過剰となってしまわないように，これらを排出する必要があります．また淡水中では餌以外からもイオンを取り込むことが必要です．その際に重要な役割を果たすのが鰓です．鰓にはイオン調節機構を担う塩類細胞が存在しますが，この細胞は外部環境に細胞膜の一部を露出しています（金子・渡邊，2013）．塩化物イオンを排出する機能が最初に報告されたため，この名前で呼ばれますが，現在ではナトリウム（Na）・カリウム（K）イオンなどの輸送も行うことが明らかになってきています．また酸塩基調節やアンモニア排出にも関与するため，その役割に着目すると，鰓型イオン輸送細胞などと呼ぶ方がふさわしい多機能性を有しています．

　塩類細胞には生体が適応している環境によって様々なタイプが存在しますが，共通点として，体内側の細胞膜にはNa^+/K^+-ATPase（NKA）という，いわばポンプの役割を果たす輸送体タンパクが非常に豊富に局在しています．このNKAはナトリウムポンプとも呼ばれ，細胞内から3つのナトリウムイオンを汲み出すのと交換に細胞外の2つのカリウム（K）イオンを細胞内に輸送する性質をもちます．このNKAはすべての細胞に存在して，細胞内外間でのイオン勾配を形成する働きをもっています．この輸送にはATP[注9]を分解する際に発生するエネルギーが用いられるため，濃度勾配に逆らった能動輸送が可能です．海水適応個体では塩類細胞は複数の細胞と複合体を形成し，その細胞の隙間には絶えずナトリウムが供給されています．そのため細胞間の微小環境においては海水中よりもナトリウム濃度が高くなり，その濃度勾配を利用して細胞間隙からナトリウムが排出されています（図3・4）．

　またカリウム（K）についてはNKAによって細胞内に常に輸送されています．このような状態であれば，塩類細胞の外界に接している細胞膜上にカリウム（K）を輸送できる輸送体が存在するだけで，外部へカリウム（K）を排出することが可能です．その輸送体として近年同定されたのが，renal outer medullary K

[注9] ATP: アデノシン3リン酸（adenosine triphosphate）の略記．リン酸が5単糖を介してアデニンと結合している．生体内のエネルギー保存・利用にかかわる物質で，リン酸基が加水分解される際にエネルギーを発する．「生体内のエネルギー通貨」と言われる．

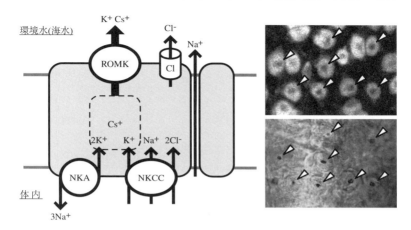

図 3・4　カリウムの排出を担う塩類細胞におけるイオン輸送メカニズム（左）
　　　　鰓に存在する塩類細胞（右上矢頭）から排出されたカリウムを鰓の表面に沈殿させたものが
　　　　黒いかたまりとして観察される（右下矢頭）．Cs⁺がセシウムイオン

channel（ROMK）です（古川ら, 2012）．モザンビークティラピアにおいて初
めてその存在が見出され，海水環境において過剰となるカリウム（K）を排出す
る輸送体として機能することが明らかとなりましたが，現在，他の魚種の鰓に
おいても広く存在することが示唆されています．またティラピアにおける一連
の研究から ROMK は個体の置かれているカリウム（K）環境によって発現が変
動し，海水のみならず淡水環境下においても，高カリウム（K）負荷状態になれ
ば ROMK の発現が上昇することが示されています．このことはカリウム（K）
が過剰な状況になれば魚は外部環境によらずカリウム（K）を鰓から排出するこ
とができることを意味しています．さらにこの輸送体からセシウム（Cs）も排
出されることが示されています．カリウム（K）と比較したときの輸送効率が同
じであるかなど，検討すべき課題も残されていますが，魚類の養殖および蓄養
でのセシウム（Cs）防汚・除染技術を開発する上でのカギとなる輸送体である
と考えられています．また前述の通り，鰓はカルシウム（Ca）の取り込みも行
いますが，これも塩類細胞の働きによるものです．この機能により孵化前個体
のような摂餌ができない期間や長期の絶食においても，体内のカルシウム（Ca）
量を適切に維持できると考えられています．

3・4　真骨魚の腎臓・胃におけるイオン輸送機構

　さて，我々哺乳類では腎臓が重要な浸透圧調節器官として様々な役割を担っていますが，真骨魚類ではいくつかの浸透圧調節器官がそれぞれ役割を分担していて，腎臓はそのうちの1つに過ぎません．海産真骨魚での腎臓の機能としては，主にマグネシウム（Mg）・カルシウム（Ca）といった2価イオンを多く含む尿を作り，排出することがあります．しかし尿の浸透圧はほぼ体液と同じで，2価イオンを極端に濃縮して効率的に捨てる機構はありません．さらに海水適応下では水は不足しがちなものなので，尿の産生量はごくわずかです．また海水魚の中にはアンコウのように腎臓の機能自体がかなり退化している魚種も見られます．このようなことからも，海水環境において真骨魚類が積極的にカルシウム（Ca）・マグネシウム（Mg）を外環境から取り込む必然性はないことが考えられます．つまり陸上動物を用いた実験・知見を基に魚類でのストロンチウム（Sr）移行を検討することは妥当ではなく，魚類において検証を行うことが重要であると言えます．腎臓は哺乳類で窒素代謝産物など，老廃物の排出にも重要ですが，真骨魚では鰓からアンモニアの形で窒素代謝物を排出できることが示されていることからも，海水での腎臓の役割は限定的と言えます．これに対して淡水中では過剰となる水を排出する器官として重要な役割を果たします．このときに産生される尿は大量で，しかもその中には不足しがちなイオンはほとんど含まれません．そのため，腎臓は淡水中においてイオンの排出には積極的に関与しないと考えられていて，淡水中の魚類でのイオン収支について腎臓に着目した研究はあまり行われていません．ですが大量の尿を排出する場合，そこに含まれる微量のイオンについて無視することはできないとも考えられます．最近ティラピアを用いた研究で，高カリウム（K）条件の淡水で飼育した場合，尿中のカリウム（K）濃度がわずかに上昇することが示されています．ただしこのときのカリウム（K）負荷は非常に高く，血中カリウム（K）濃度の上昇につられて上昇したに過ぎないと考えられるため，やはり淡水中において腎臓のカリウム（K）排出への寄与はあったとしても補助的なものであることが示唆されています．

　ここまでは魚類の浸透圧調節器官に着目してセシウム（Cs）・ストロンチウム（Sr）の挙動について取り込みと排出に絞って検討を行いましたが，セシウム（Cs）

取り込みとしてはこれ以外にも胃における経路が考えられます。胃での消化作用には内腔の酸性化が重要になりますが，ここで重要な働きをする輸送体は H^+/K^+-ATPase（HKA）と呼ばれるもので，内腔にあるカリウム（K）と交換的に細胞内の水素イオンを輸送することで胃内を酸性にします。この輸送によってカリウム（K）が細胞内に輸送されるわけですが，セシウム（Cs）が存在している場合，この経路で体内に取り込まれることが考えられます。魚類で HKA に関する研究はあまりありませんが，ティラピアにおいて胃特異的に発現することがわかっており，生体でのセシウム（Cs）収支を解明するために腸だけでなく胃も含めて今後検討を行う必要があります。

3·5　軟骨魚におけるイオン輸送機構

　ここまで真骨魚類でのカリウム（K）・カルシウム（Ca）の取り込みおよび排出経路について見てきましたが，その他の水生生物についてはどのようになっているでしょうか。水生生物といっても幅広く分類されていますが，ここでは軟骨魚類であるサメ・エイ類と水生無脊椎動物について考えてみましょう。まずサメ・エイ類についてですが，これら軟骨魚は一部の例外を除いて多くは海水に生息していて，その血液浸透圧は海水よりわずかに高い値を示します（金子・渡邊，2013）。そのため体内から海水へ水が移行することはなく，真骨魚と異なり，海水を飲むことはしません。しかし血液の組成は海水と大きく異なり，浸透圧構成成分の半分程度を尿素が占めています。そして個別のイオンについては真骨魚よりやや高い程度となっていて，海水イオン濃度より低く保たれているため，何らかの調節が必要なのは明らかです。福島第一原発事故以降，エイの仲間であるコモンカスベなどがモニタリング調査の対象となっていますが，これらの魚種については真骨魚と全く異なる浸透圧適応戦略を採っていることから，特有のセシウム（Cs）・ストロンチウム（Sr）収支特性をもっている可能性が高いことが予想されます。軟骨魚類には大型種が多く，飼育実験などに制約があることなどから，生理学的な知見は真骨魚と比べると少ないですが，ナトリウムと塩化物イオンの排出を行なう直腸腺と呼ばれる器官をもつことがわかっています。また鰓には NKA が豊富に存在する細胞が存在して，一見真骨魚の塩類細胞と同様の機能をもつように考えがちですが，相違点も多く見出されています。ドチザメにおける研究からその中の 1 タイプが鰓でカルシウム（Ca）の取り込

みに関与することが示唆されています（高部ら, 2012）. このことから海水環境でカルシウム（Ca）が不足する場合には鰓から取り込むことが考えられますが, 軟骨魚類は顎や歯のみが硬骨であることからカルシウム（Ca）の需要はさほど高くないことが考えられ, どの程度, またどのような状況でカルシウム（Ca）の取り込みに寄与するのかの解明が待たれるところです. またその他の浸透圧調節器官の機能についても真骨魚と相違点が多く見られます. 特に軟骨魚類の腎臓は真骨魚と比較して高度に発達した構造をもつことから, イオン調節の主たる場として腎臓が重要な役割を果たしていることが考えられます. さらに腸におけるイオン輸送についても水を取り込むために活発に脱塩を行う必要がないことから, 消化管におけるイオン取り込み特性も真骨魚とは大きく異なることが予想されます. このように軟骨魚類のセシウム（Cs）・ストロンチウム（Sr）収支を明らかにするためには腎臓および腸に着目したカリウム（K）・カルシウム（Ca）調節機構の解明が求められています.

3・6　海産無脊椎動物におけるイオン輸送機構

　次に水生無脊椎動物ですが, これらをまとめて話を進めるのはいささか乱暴に感じられるかもしれません. まずは, 体内イオン環境と環境水の関係という観点からこれらの生物種のイオン調節戦略のコンセプトを理解することから始めましょう. はじめに海産種について見てみると, 無脊椎動物は開放血管系[注10]と呼ばれる構造をもっており, 脊椎動物と比較して体の内外でのバリアが完全でないため, ある程度体内と体外の間でイオンや水の拡散による移動が起こります. このような状態でも生存可能なのは血液の組成を外環境とほぼ等しくしているからです. また, 外部環境のイオン組成が変化すると, それに応じて血液イオン組成も変動することが多いのです. 水生脊椎動物では血液と環境水の組成が大きく異なるため, 絶えず体内側のイオン環境を維持すべく様々なメカニズムを働かせている訳ですが, 血液と環境水のイオン環境がほぼ同一であれば, 栄養分などが流出しないような最低限のバリアが存在するだけで, 体液恒常性を維持するためのシステムの重要性は低くなります. 無脊椎動物にも腎臓に相当する器官や鰓などは存在しますが, その役割については体内環境のpH調節や

[注10] 開放血管系：心臓から伸びた動脈が体の各部で開口し, 流れ出た血液が, 直接細胞間を経由し, 静脈にもどる体液の循環システム. 節足動物, 軟体動物などが開放血管系をもつ.

イオン調節の観点からの知見が報告されているものの，その機能については未だ不明な点が多く残されています．

　ここでは大まかに無脊椎動物とまとめて話を進めてきましたが，前述の通り非常に多様な生物種が含まれるため，それぞれがもつイオン調節機構は大きく異なることが容易に予想できます．例えば，イカ・タコを含む頭足類は海産種のみで，淡水種は存在しません．これらの腎臓は専ら窒素代謝産物を排出する器官として機能すると考えられています．また，頭足類の鰓におけるイオン調節機構についての研究も行なわれていますが，血液 pH 調節が主たる役割であることが示唆されています．福島第一原発事故以降，タコなど頭足類についても継続的にモニタリングが行なわれていますが，放射性セシウム（Cs）に関して水産庁などによる調査でも事故直後から低い値を示すことが報告されています．これは，頭足類が体内イオン環境の維持を海水中のイオンのみに依存していて，消化管内からカリウム（K）を取り込むメカニズムが存在しないためと考えられます．海底土や頭足類の餌となる生物の一部が放射性セシウム（Cs）を含む海域においても，海水中に溶存している形でのセシウム（Cs）は，福島第一原発港湾付近といったごく一部の海域を除いて，他の海域とほぼ同じ低値を示しています．このことからタコ類が示すこの特性の科学的根拠を明らかにするには，まず頭足類の消化管におけるカリウム（K）およびセシウム（Cs）の吸収特性を検討することが重要であると考えられます．

　次にゴカイ類ですが，これらは底泥をそのまま消化管内に取り入れ，それに含まれる有機物を栄養分として吸収するデトリタス食を行う生物です．これらの生物種はベントス食性をもつ魚類などの餌生物となるため，直接我々の口に入ることはない生物ですが，海底土に含まれる放射性セシウム（Cs）を高次捕食者に移行させる窓口となっている可能性が指摘されています．そのためゴカイ類についてもモニタリング調査が行われています．放射性セシウム（Cs）で汚染された海底土を用いたゴカイ飼育実験報告によると，消化管内に泥を保持した個体をセシウム（Cs）の分析に供して，その数時間後に内容物を排出したものを再度測定した結果，放射性セシウム（Cs）量が大幅に減少することが明らかになってきています．また継続して汚染底泥で飼育しても底泥の放射性セシウム（Cs）含量の 1/10 程度の値で安定となることも示されていて，頭足類同様にゴカイ類においても消化管や呼吸器官から積極的にカリウム（K）を取り込むメカニズムをもたないことが予想されます．またこの結果から底泥における

セシウム（Cs）の存在様式のうち，いくらかは粘土鉱物などにほぼ不可逆的に結合したものではなく，有機物などと可逆的に結合したものであることが推測され，イオン態と結合状態の間を底泥中で遷移している，もしくはゴカイ類の消化作用によってイオン態へと遷移する結合様式が存在することを示唆しています．今後は陸域土壌で行われているように海底表層土中のセシウム（Cs）存在様式を詳細に解析することで，ゴカイ類の高次捕食者へのセシウム（Cs）移行への関与の度合を検討できるのではないでしょうか．さらに長期間セシウム（Cs）汚染底泥で飼育したゴカイを清浄な海水に移行して飼育したところ6日程度で急激にセシウム（Cs）濃度が減少することも併せて報告されているので，ゴカイ類における体内カリウム（K）の入れ替わりは非常に速いことが示唆されています．

　そしてエビ・カニを含む海産甲殻類ですが，これらの生物種は腎臓に相当する触覚腺と呼ばれる器官と鰓でイオン調節を行っていることが示されています．これらについてもサルエビやケガニなどがモニタリング対象種となっています．サルエビは沿岸性のクルマエビ類で，原発事故直後は比較的高いセシウム（Cs）濃度を示しましたが，その後急速にその値は減少しています．同一個体を用いたデータではないので，明確なことは今後の検討を要しますが，総合して考えると海産甲殻類においても他の無脊椎動物と同様，外環境からの積極的なカリウム（K）取り込みメカニズムは存在しないことが予想されます．甲殻類はキチン質と炭酸カルシウム（Ca）から成る外骨格を有していて，脱皮により成長するという特徴をもっています．加えて鰓でカルシウム（Ca）を取り込むモデルが提唱されているなど，放射性ストロンチウム（Sr）の収支については他の無脊椎動物とは大きく異なる可能性があります．脱皮時に消化管内に非結晶炭酸カルシウム（$CaCO_3$）で構成される胃石と呼ばれるものを形成し，脱皮完了後，この胃石を溶かして吸収し，外骨格の急速な硬化に利用することが知られています．このことから消化管におけるカルシウム（Ca）取り込み機構についても甲殻類のストロンチウム（Sr）収支を検討するためには重要な要素となることが考えられます．貝類についても体内のイオン調節は他の無脊椎動物と同様な傾向を示すと考えられますが，殻の形成などでカルシウム（Ca）を利用するため，ストロンチウム（Sr）収支については特性が他の生物種と異なる可能性があります．

3・7　淡水無脊椎動物におけるイオン輸送機構

　ここまで海産無脊椎動物について見てきましたが，甲殻類や貝類などには海産種だけでなく，淡水種も存在します．淡水種の血液各種イオン濃度は海産種と比較すると低いものですが，淡水と比較するとその値は高く維持されています．これには生物種によって程度の差が存在し，貝類では淡水よりやや高い程度となっていることが多いのに対し，ザリガニなど甲殻類では真骨魚と同等もしくはそれ以上のイオン濃度を維持しているとする報告もあります（Burton，1968）．しかし，いずれの種においても，細胞内のカリウム（K）濃度は血液中の濃度と比較して数十倍に維持されています．このようなことから無脊椎動物の淡水種では餌や環境水から各種イオンを積極的に取り込み，これを維持していることがわかります．淡水無脊椎動物の浸透圧調節に関する研究は体液組成の変化からイオンなどの調節機構の存在の検討に着目したものが主であり，イオン輸送機構についての研究は少ないのが現状です．また個体サイズが小さいものが多く，高濃度にセシウム（Cs）で汚染された地域の淡水無脊椎動物に関する調査も限られているため，モニタリング調査のデータも残念ながら限られています．このため，淡水無脊椎動物におけるセシウム（Cs）の動態がどのような状況にあり，これからどう推移していくのかを予測することは現状では困難と言えます．しかし，土壌中に生息するミミズでは高濃度にセシウム（Cs）を含むものも見つかっていて，このことからも，淡水湖沼河川を含む陸域に生息する無脊椎動物は不足しがちなカリウム（K）を積極的に体内に取り込むメカニズムの存在が強く考えられます．淡水産の無脊椎動物も我々の口に直接入る種は多くありませんが，淡水域に生息する魚類などの高次捕食者の重要な栄養源の一角を担っていることから，これらの生物種でのカリウム（K）輸送機構を検討することは，陸水域における生物間でのセシウム（Cs）移行・循環経路を明らかにするためにも重要です．

3・8　生体内に取り込まれた各種イオンの挙動

　水生生物におけるカリウム（K）・カルシウム（Ca）の取り込みと排出について見てきましたが，生体内に入ってから排出されるまでの間の挙動について理

解することも重要です．本章の冒頭で軽く触れましたが，カリウム（K）は細胞内に多く（Burton, 1968），カルシウム（Ca）は骨組織に多く含まれる傾向は多くの生物で共通の特徴となっています．カルシウム（Ca）については細胞内にほとんど存在しないという特徴もあります．そのためストロンチウム（Sr）の生体内での挙動については骨，歯，外骨格といった硬組織に着目することでおおよそ理解可能です．しかしカリウム（K）の分布についてはそのほぼすべてが溶存態で存在することからなかなか存在様式の特性をイメージすることが難しいと思います．そこで，ここからは水生動物を真骨魚類，軟骨魚類，無脊椎動物に大別してカリウム（K）および放射性セシウム（Cs）について生体内での挙動について説明することとします．真骨魚でのカリウム（K）の分布は血漿など細胞外液中には $2 \sim 4$ mmol/L 程度の低濃度で存在していますが，これに対して筋組織の細胞内ではおよそ $100 \sim 150$ mmol/L の範囲で高い濃度を示します．軟骨魚類ではその比率がやや変化し，血液中カリウム（K）濃度が約 7 mmol/L であるのに対して，細胞内は約 120 mmol/L となっていますが，基本的に細胞内が高いことがわかると思います（Robertson, 1975）．また無脊椎動物でもこの原則は適応できますが，細胞内外のカリウム（K）濃度はその生物種が生息・適応している塩分環境によって変動し，淡水や陸域に生息するものでは海水種と比較しておよそ 1/3 以下の低値を示します．しかし，淡水産ザリガニやカニの一種および水生昆虫であるガムシなどでは細胞内カリウム（K）濃度が他の淡水無脊椎動物と比較してかなり高く維持されており，その濃度はほぼ真骨魚類と差がないことが報告されています．甲殻類や昆虫がどのように低カリウム（K）環境である淡水において体内のカリウム（K）を高値で維持しているのかを理解することは高次捕食者へのセシウム（Cs）移行に対する各生物種の寄与を判断する上で重要な要素と成り得るため，今後の研究の進展が待たれるところです（図3・5）．

　カリウム（K）とは逆にナトリウム（Na）は細胞外液におよそ 150 mmol/L，細胞内にはおよそ 20 mmol/L 存在していて，いわばカリウム（K）とナトリウムは細胞膜を挟んで鏡写しのような状態になっている訳です．このイオンの濃度勾配を維持するために，各細胞に存在する NKA が能動的にナトリウムイオンを細胞外へ，カリウム（K）イオンを細胞内へ交換的に輸送しています．このようなメカニズムによって細胞内のカリウム（K）濃度は高値を維持されていて，その入れ替わりはかなり盛んに行なわれています．本章冒頭で，セシウム（Cs）

	細胞内液 K$^+$濃度	血液 K$^+$濃度	細胞内外 K$^+$濃度比
海産二枚貝：160 mmol/L		12 mmol/L	13:1
淡水二枚貝：　20 mmol/L		0.5 mmol/L	40:1
頭足（イカ・タコ）類：190 mmol/L		20 mmol/L	10:1
海産甲殻類：170 mmol/L		9 mmol/L	19:1
淡水甲殻類：120 mmol/L		4 mmol/L	30:1
軟骨魚：140 mmol/L		7 mmol/L	20:1
真骨魚：140 mmol/L		4 mmol/L	35:1

図 3・5　各種水生生物の細胞内外におけるカリウム濃度
それぞれの生物で値に違いはあるが，細胞内に多くのカリウムが偏在することは共通である．
放射性セシウムについても同様の傾向を示すことが考えられる．

は筋肉中に「蓄積」されている訳ではないことを述べましたが，筋肉中にセシウム（Cs）が多く存在することは事実です．このように細胞内にセシウム（Cs）が偏在する理由は，実はカリウム（K）の細胞内外間での濃度勾配に起因することがわかるかと思います．

3・9　水域によるカリウム（K）と放射性セシウム（Cs）の存在比の違いと生体への影響

　現在，福島第一原発事故によって放出された環境水のセシウム（Cs）のうち，イオン態のものは原発港湾付近など特殊な状況を除いてほぼない状態となっています．ここでは 1 つの例として，環境水からのセシウム（Cs）移行と真骨魚での体内でのセシウム（Cs）存在濃度との間でどのような関係が成り立つのか考えてみましょう．まず海水中ですが，ここにはカリウム（K）がおよそ 10 mmol/L 含まれています．そこにある濃度の放射性セシウム（Cs）が含まれているとします．カリウム（K）とセシウム（Cs）の生体での挙動が全く等しいとすると，長期間そのような環境に馴致された場合，生体内でのカリウム（K）・セシウム（Cs）存在比は環境水中の比率と同じになっていくはずです．つまり細胞外液に関して考えると，そこに含まれるカリウム（K）イオン濃度は 4 mmol/L と海水中の 40% に維持されているので，セシウム（Cs）についても

細胞外液には海水中の 40% 程度の濃度で含まれるようになります．これに対して，筋肉のような細胞内ではカリウム（K）はおよそ 140 mmol/L 含まれるため，セシウム（Cs）の細胞内濃度も海水中の 14 倍程度に濃縮されているように見えることになります．次に淡水環境ですが，ここでのカリウム（K）濃度はおよそ 0.1 mmol/L と非常に低い状況となります．このような環境下で海水と同じ濃度でセシウム（Cs）が存在した場合，カリウム（K）との比率は海水中と比較しておよそ 100 倍になります．よって，細胞外液中のセシウム（Cs）濃度は環境の約 40 倍，細胞内液のセシウム（Cs）濃度は約 1,400 倍に濃縮された数字となって現れるはずです．つまり，イオン態セシウム（Cs）が環境に放出された場合，真骨魚に与える影響は淡水中でより大きくなると考えられます．このような仮定はセシウム（Cs）がカリウム（K）と全く同じ挙動をする時に成り立つと前置きをしましたが，これらは完全に同じ元素ではない訳で，生体内に存在する様々なカリウム（K）輸送体タンパクによる輸送のされやすさが，カリウム（K）とセシウム（Cs）で異なる可能性があります．しかしこのような場合でも，生体内セシウム（Cs）濃度が平衡に達する比率が若干変化することはあっても，環境水からの移行による生体内でのセシウム（Cs）濃縮特性について淡水と海水で大きく異なるということは原則として成り立つと考えてよいでしょう．

　これまで説明した通り，細胞内カリウム（K）濃度が高値を示すことは他の生物においても同様です．つまりこの関係性はその他の水生生物にも当てはめることができるでしょう．先に述べたように現在環境中に放出された放射性セシウム（Cs）が環境水中に溶け込んだイオン態で検出されることは稀で，底泥などに吸着した状態か，生体内に取り込まれた状態としてモニタリング調査で検出されています．ですが，本章の冒頭でも言及し，ここまで説明してきましたようにカリウム（K）が生体に取り込まれる経路はイオン態のものを輸送するためのメカニズムを介したもので，セシウム（Cs）を吸着した粘土鉱物などをそのまま体内に取り込むシステムは存在しません．そのため消化管内に取り込まれた餌生物などが消化を経ることで，餌生物細胞内のセシウム（Cs）イオンや，負に帯電した有機物などに弱く吸着したセシウム（Cs）が遊離し，イオン態に移行したものが体内に取り込まれると考えられます．セシウム（Cs）の底泥中などにおける存在様式についての詳細な説明は他の章や書籍などに譲りますが，ここからは移行経路として現状で最も大きなものと考えられる摂餌などを含む経口移行について考えてみましょう．

3・10　真骨魚・軟骨魚の胃における餌からの放射性セシウム（Cs）の移行経路

　まず，セシウム（Cs）の経口移行を考える上で，消化管での消化作用を理解することが重要になります．なぜなら消化を経なければ，餌生物の体内に含まれるセシウム（Cs）が腸内液に溶出することもないでしょうし，底泥に含まれる有機物などからの遊離が促進されることもないと考えられるからです．さて口から取り込まれた餌料などは食道を経由して，まず胃などで消化されます．ここで胃の機能について見てみましょう．胃の消化作用は胃上皮から分泌されるペプシンという消化酵素と塩酸を主成分とする胃酸によって成り立っています．本章の前半でも軽く触れましたが，H^+/K^+-ATPase（HKA）というプロトンポンプによって胃酸は分泌されます．これは胃内腔のカリウム（K）と交換的に細胞内の水素イオンを胃内に供給する役割をもっていて，胃内の酸性環境を構築するために必須な輸送体タンパクとなっています．ほとんどの真骨魚は胃をもっていますが，中にはコイ・メダカ・サンマのような胃そのものがない無胃魚や，フグのように胃の機能が失われている魚種も存在します．このような魚種では消化管内を酸性にして消化を行う機能をもたないことになります．またサメ・エイなどの軟骨魚類でも胃内が酸性環境となり消化が行なわれることがわかっていて，胃でHKAの発現が報告されていることからも，多くの真骨魚と同様の消化機能を胃が有していると言えます（Smolka et al., 1994）．しかし，ヌタウナギ類や無脊椎動物では胃内が酸性にならず，ペプシンの存在も見られないので，無脊椎動物で胃と名前がついている器官が存在する生物種でも機能的には異なる消化作用をもつことがわかっています（Koelz, 1992；Shechter et al., 2008）．ここでサメ・エイなどの軟骨魚類の浸透圧調節について思い出してみましょう．これらの生物種は体液浸透圧が海水よりも若干高く，そのため海水を積極的に飲んで，脱塩を行い，水を体内に吸収するといった一連のプロセスを必要としません．つまり，このような軟骨魚の仲間では，この後話を進める腸において無脊椎動物と同様，積極的にイオンを取り込む仕組みを必要としないことが考えられます．しかし，コモンカスベなどではセシウム（Cs）に汚染された個体が見られることなどから，外部からカリウム（K）・セシウム（Cs）を積極的に取り込むメカニズムが確実に存在するはずです．このようなことから

軟骨魚類では無脊椎動物と異なるセシウム（Cs）移行経路が考えられます．その経路として胃が重要な役割をしている可能性が非常に高く，軟骨魚類における胃の消化作用と体内へのセシウム（Cs）移行との関係について興味がもたれるところです．

　さてここからは話を胃酸分泌タイプの胃に絞ることとします．まずは胃の構造についてですが軟骨魚と真骨魚では胃の入口である噴門と出口である幽門の位置関係が若干異なります．具体的には真骨魚の場合，例外こそありますが，一般的には噴門と幽門が隣接し，食道と腸が一連の管になっていて，その境目に胃が横に袋状に伸びて付属しているような構造をとっています．一方，軟骨魚では食道・胃・腸が一連の管になっているような構造をとります（図3・6）．この違いによりもたらされる機能的差異は，真骨魚は胃を通過しないで飲んだものを腸に送ることができるのに対して，軟骨魚は必ず胃を通過しなければ，飲んだものが腸に行かないということです．実際に海産真骨魚は浸透圧調節のため恒常的に海水を飲んでいますが，胃が飲んだ水で満たされていることはありません．つまり，餌ではなく海水にセシウム（Cs）が含まれている場合は，胃に海水が入らないためセシウム（Cs）の移行は胃では起こらず，その主たる場は腸となります．そして胃でのセシウム（Cs）の移行が起こる場合，その由来はほとんどが餌や同時に飲み込んだ底泥・海水であると考えられます．このように胃でのセシウム（Cs）移行については淡水・海水の違いを考える必要はあまりないと言えます．一般に胃酸の分泌は食物の流入によって促進されます．胃

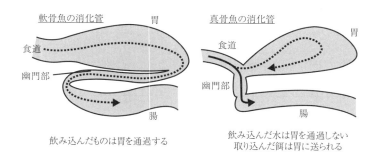

図3・6　軟骨魚と真骨魚の消化管構造の違い
　　　軟骨魚の消化管は一連の管状構造を持っていて飲み込んだものはすべて食道から胃を経由して腸に送られる．これに対して真骨魚では食道の出口である噴門部と腸の入口である幽門部が近接して存在しているため，飲み込んだ水は胃を経由せずにそのまま腸に送られる．

酸の分泌作用の強度についての研究はあまり多くありませんが，胃内の酸性度を比較した場合，魚種ごとにその度合が異なることが知られています．つまり，HKA の働きが魚種によって異なり，その差によってセシウム（Cs）の移行効率が異なる可能性も考えられます．さらに個体サイズと胃サイズの比率は同一魚種であれば大きく変化することはないと言えますが，胃上皮表面積と収容可能容積の関係性で考えると，胃が大きくなるほど単位面積あたりの収容容積が大きくなります．内容物を消化するため，同レベルに内腔を酸性化するためには，単位面積あたりの胃酸分泌量を増大させる必要になるはずです．このことから体サイズと比較して大型の胃をもつ魚種ほど消化時の胃内容物からのカリウム（K）・セシウム（Cs）取り込み効率が高い可能性も十分に考えられます．さらに成長に伴い，食性が変化し，餌生物の大きさも大きくなる傾向にある魚種の場合，消化能力もそれに合わせて向上する必要があります．この場合も胃酸の分泌能力の向上に伴い，カリウム（K）・セシウム（Cs）の取り込み能力も上昇することが考えられます．このように個体サイズ・成長段階・食性による体内へのセシウム（Cs）移行特性の変化を示唆する報告がこれまでもなされており（笠松，1999），餌生物からのセシウム（Cs）移行を考える上で，胃の寄与を明確にすることが魚種による特性の違いを知ることにつながると言えます．また陸域での知見になりますが，酸性土壌においてセシウム（Cs）はイオン態で存在しやすいことも明らかになっています．胃内での酸性条件と比較することは適切ではないかもしれませんが，胃内の酸性度そのものが，餌生物とともに飲み込んだ底泥に吸着しているセシウム（Cs）をイオン態に変化させ，体内への移行を促進している可能性もあります．一般に粘土鉱物に吸着されたセシウム（Cs）は容易に遊離しないことが知られていますが，有機物などに吸着したものはその限りにありません．現在，様々な水環境における底泥などでのセシウム（Cs）の測定が行われていますが，その吸着様式については未だわかっていない部分が多く残されています．これを明らかにすることで，多様な環境における水生生物へのセシウム（Cs）移行特性の違いを理解することにつながることが考えられます．

　無脊椎動物でも胃と呼ばれる器官をもつものが存在しますが，それは口から取り込んだ餌料を消化管内に滞留させて，消化を行うという役割を担っています．つまり内腔が酸性環境となるかどうかは別として，大まかな役割としては真骨魚・軟骨魚の胃とさほど変わらないと言えます．しかし，内腔が酸性にならないと

いうことは HKA によるセシウム（Cs）の体内への移行経路が存在しないことを意味しています．このことが無脊椎動物で見られるセシウム（Cs）汚染の度合の低さの1つの要因であると考えることができます．

3・11　腸における餌由来の放射性セシウム（Cs）の移行

　胃で消化された餌料は次に腸へと送られます．餌料との関連から見た腸の役割は様々な消化酵素による内容物の更なる消化と栄養分や不足するイオンなどの吸収になります．前述の通り，海水環境で真骨魚は過剰となるイオンをあえて取り込みますが，その他の軟骨魚類や無脊椎動物では栄養素の取り込みに付随して輸送されるナトリウム以外のイオンの移行は消化管上皮での拡散によって起こるものがほとんどと推測されます．そのためここでは真骨魚および淡水無脊椎動物に着目して，腸でのセシウム（Cs）取り込みに関連する機構について考えてみましょう．

　胃で酸性環境を構築する真骨魚の場合，膵液や胆汁などによって消化物は中和され，ほぼ中性となります．そのため，pH だけに着目すると，腸内環境は多くの生物種において大きな差はありません．まず真骨魚について見てみると，淡水産魚種ではほぼ餌料由来のイオンのみが腸内へ流入しますが，海産魚種では餌以外に飲んでいる海水が常に腸に流入しているので，イオン環境としては海水によって餌由来のイオンが占める割合が低められていることになります．そう考えると，海水中では餌由来のセシウム（Cs）の移行が起こりにくいように感じますが，実際にはそのようにはならないでしょう．前述の通り，海産真骨魚類は水の取り込みのために積極的に腸内のナトリウム（Na）・カリウム（K）・塩化物（Cl）イオンを体内では過剰となるにも関わらず体内へ輸送します．よってその多くの部分が体内へ一旦移行し，その後に鰓から排出されます．つまり，セシウム（Cs）を含む餌にカリウム（K）を添加したとしてもカリウム（K）・セシウム（Cs）の排出速度は上昇しますが，腸において体内へ取り込まれるセシウム（Cs）の量自体はあまり変化しないと考えられます．

　また淡水産の真骨魚においては餌に含まれるイオンは体内で不足しがちなものであり，腸内から体内へそのほとんどが積極的に取り込まれます．そのため，養殖など飼育条件下で魚類へのセシウム（Cs）汚染を極力抑えるには，セシウム（Cs）汚染が生じた時に備えてカリウム（K）の排出速度を上げておくと同時

に，餌などにセシウム（Cs）がなるべく含まれないようにすることに気を配ることが重要になります．淡水無脊椎動物の消化管におけるイオン吸収については不明な点が多いですが，鰓などから直接イオンを取り込むだけでなく，餌に含まれるイオンを吸収・利用することが効率的な体内イオン濃度維持機構には重要であると考えられます．しかし，主に餌として利用しているものがイオンを多く含む場合に限られる可能性があります．例えば餌として淡水中の有機懸濁物を利用している場合，それが無生物であれば，そこに含まれるイオン量は淡水と同程度であり，腸から積極的にイオンを取り込む機構が存在する必然性は低くなると言えます．つまり，各種淡水無脊椎動物が依存している餌料中の各種イオン濃度を明らかにすることで，消化管でのセシウム（Cs）取り込み機構の存在をある程度推定することができるかもしれません．

3・12　放射性セシウム（Cs）の生物学的半減期

さて生体内におけるセシウム（Cs）・ストロンチウム（Sr）の挙動に関与する事柄を要素ごとに分けて見てきましたが，ここからはそれらが統合して起こる現象である生物学的半減期について真骨魚におけるセシウム（Cs）に着目して見てみましょう．福島第一原発事故により放出された放射性セシウム（Cs）は主にセシウム 134 と 137（$^{134}Cs, ^{137}Cs$）で，これらの半減期はそれぞれ約 2 年と約 30 年です．ここでの半減期はそれぞれのセシウム（Cs）原子の崩壊特性によって決定されていて，通常条件下では変化することはありません．これに対して生物学的半減期は生物内から放射性物質が排出されて，その存在量が半分になるまでの期間であり，生物種や生息環境によってその特性が異なることが知られています．これまでの報告により，真骨魚では一般に塩分濃度が高いほど，温度が高いほど，個体サイズは小さいほど，生物学的半減期は短くなります（笠松，1999）．ここでの塩分濃度とは海水の希釈割合なので，環境中のカリウム（K）濃度に依存して，生物学的半減期が変化することを示しています．この変化についてはここまで説明してきたカリウム（K）およびセシウム（Cs）の挙動によって理解できるはずです．本章冒頭のお風呂の例を使うと，一定量のカリウム（K）を入れておく必要のあるお風呂が魚の体内にあたります．そこに一定量のセシウム（Cs）を混ぜてみます．海水中ではそのお風呂の中に常にカリウム（K）が入れられている状態で，淡水中では餌を食べた時だけカリウム（K）が補充され

るような状態になる訳です．この時お風呂の中のカリウム（K）濃度を一定にするためには，淡水と比べて海水の方がどんどんカリウム（K）を除去していかないといけないのは明らかです．カリウム（K）と同じような挙動を示すセシウム（Cs）についても，活発なカリウム（K）除去によってお風呂から除かれていきます．その結果，海水の方が早くセシウム（Cs）の存在量が減っていくことになります．

　さて温度についてはどうでしょう．温度は様々な要素に影響するので一概にまとめることは難しいですが，摂餌量や排出機構の活性の変化などが挙げられます．真骨魚は変温動物であるため外界が低温になると体温も下がり代謝が下がります．よって摂餌によって栄養を取り込む必要性も下がり，摂餌量が下がることになります．体内へのカリウム（K）供給の変化によって排出機構の活性も変化するはずなので，これらは密接に関わっていると考えられます．特に淡水魚では摂餌量の変化はそのまま体内へのカリウム（K）の取り込み量の変化につながるため，温度の影響は大きいと考えられます．もしも低温環境でセシウム（Cs）の生物学的半減期を短縮したい場合には，餌にカリウム（K）を添加して体内の多くのカリウム（K）を取り込ませる方法が有効になるでしょう．また，カリウム（K）の取り込み・排出機構の活性そのものに温度が影響を与えていることも考えられ，今後の研究によって温度とセシウム（Cs）の生物学的半減期の関連が解明されることが期待されます．

　そして体サイズですが，大型個体の方が生物学的半減期はやや長くなります．これは排出器官である鰓の表面積と体の体積との比率が関連している可能性があります．単純にカリウム（K）・セシウム（Cs）の出口が体のサイズに対して小さくなるからという考え方ですが，鰓に存在する個別の塩類細胞におけるカリウム（K）排出活性を上昇させると対応可能とも言えるので，今後の検証が必要でしょう．しかし，体サイズが大きくなるほど体表面積あたりの体積は大きくなるので，体表を介して外環境から受ける浸透圧ストレスの度合は小さくなっていきます．このことから，ある一定の細胞体積に対しての浸透圧調節関連のイオン輸送活性は体サイズが大きいほど低くなることが考えられます．このように単位体積あたりのイオンの流入出速度が大型個体ほど緩慢になり，セシウム（Cs）の生物学的半減期が大型個体ほど長くなることにつながっているかもしれません．さらに個体サイズによる成長率の違いも考慮する必要があるでしょう．生物学的半減期を算出する際に単位として Bq/kg を用いる場合があります

が，体サイズの小さい時期，特に幼魚期の成長率は極めて高く，飽食給餌を行うと 1 週間程度で魚体重が倍になるような場合もあります．この時に Bq/kg を単位として用いると，仮にセシウム（Cs）が全く排出されていなかったとしても値は半分になります．単位として Bq/ 個体を用いることが生物学的半減期について解釈するにはふさわしいと言えますが，筋肉など可食部について考える場合や汚染の度合をサイズに関係なく比較するためには Bq/kg を用いる方が実用的と考えることもできます．

　ここまで真骨魚の生物学的半減期に影響する要素について考えてきましたが，半減期の長さについても見てみましょう．淡水および海産真骨魚におけるセシウム（Cs）の生物学的半減期はおよそ 50 〜 150 日の幅に収まりますが，1 週間程度という報告がある水生無脊椎動物での半減期と比較すると放射性セシウム（Cs）が排出されるまでに長い時間を要することがわかります．これは真骨魚類がもつ閉鎖血管系[注11]という構造的差異とカリウム（K）・セシウム（Cs）を排出するためには鰓などの特定の器官を介する必要があるという機能的差異によってもたらされると考えられます．まず無脊椎動物は開放血管系をもつため，一部の生物種を除いて血液中のイオンは環境水との間をかなり自由に移動できます．また前述の通りカリウム（K）は細胞内に多く存在しますが，実際にはその出入のバランスが細胞内に多く存在するように調節されていて，細胞内外間でのカリウム（K）の移動が盛んに行なわれています．このため，無脊椎動物では細胞外へ輸送されたセシウム（Cs）は血液を介して，体表から環境水へ拡散しやすいことになります．さらに環境水は体液と比較にならないほど大量に存在するため，一旦体外に移動したセシウム（Cs）は速やかに希釈され，再び体内へ移動する確率は非常に低くなります．このような特性をもつ無脊椎動物ではセシウム（Cs）の生物学的半減期が短くなります．これに対して，閉鎖血管系では体表でのイオンの拡散がほとんど抑えられているため，細胞内に存在するセシウム（Cs）が血液中に移動したとしても，鰓などに移動する前に再び細胞に取り込まれてしまいます．そして，鰓などのカリウム（K）排出器官にたどり着き，排出を担う細胞に取り込まれなければ，体外に排出されることはほぼないことになります．私たちの生活に例えるならば，無脊椎動物は抜け道の多い商店街，真骨魚は一方通行で抜け道のない商店街といったところでしょうか．

[注11]　閉鎖血管系：心臓から伸びた動脈が毛細血管に分岐し，再び収斂して静脈となり，心臓に戻る血液の循環システム．魚を含む脊椎動物は閉鎖血管系をもつ．

私たちが抜け道の多い商店街に行った場合，目的のものを見つけた後はさっさと抜け道から帰ることができますが，一方通行で抜け道のない商店街の場合，目的のものを探している間も，見つけてからも，結局寄り道を繰り返してしまい，長居をしてしまうことになります．このように真骨魚ではセシウム（Cs）が鰓にたどり着く前にいろいろな細胞に「寄り道」をしてしまうため，生物学的半減期が長くなることが考えられます．

　本章では，水生生物でのセシウム（Cs）・ストロンチウム（Sr）の挙動について，その背景にあるイオン調節メカニズムを中心に考察してきましたが，そのほとんどが仮説の域を出ません．福島第一原発事故の収束が今後どのような道を辿るかわかりませんが，不測の事態に備えて，今から仮説に基づき一つ一つ科学的知見を積み重ねておくことが重要になると考えています．

参考文献

Burton R.F.（1968）：Cell Potassium and Significance of Osmolality in Vertebrates, *Comp. Biochem. Physiol.*, 27, 763-773.

金子豊二・渡邊壮一（2013）：増補改訂版魚類生理学の基礎（會田勝美・金子豊二編），恒星社厚生閣，pp.216-233.

笠松不二男（1999）：海産生物と放射能 —特に海産魚中の137Cs濃度に影響を与える要因について—, *Radioisotopes*, 48, 266-282.

Kim Y.K., Ideuchi H., Watanabe S., Park S.I., Huh M.D. and Kaneko T.（2008）：Rectal water absorption in seawater-adapted Japanese eel *Anguilla japonica*, *Comp. Biochem. Physiol.*, 151, 533-541.

Koelz H.R.（1992）：Gastric Acid in Vertebrates, *Scand. J. Gastroenterol.*, 27, 2-6.

Mekuchi M., Hatta T. and Kaneko T.（2010）：Mg-calcite, a carbonate mineral, constitutes Ca precipitates produced as a byproduct of osmoregulation in the intestine of seawater-acclimated Japanese eel *Anguilla japonica*, *Fish. Sci.*, 76, 199-205.

Robertson J.D.（1975）：Osmotic Constituents of the Blood Plasma and Parietal Muscle of *Squalus acanthias L, Biol. Bull.*, 148, 303-319.

Shechter A., Berman A., Singer A., Freiman A., Grinstein M., Erez J., Aflalo E.D.and Sagi A.（2008）：Reciprocal Changes in Calcification of the Gastrolith and Cuticle During the Molt Cycle of the Red Claw Crayfish *Cherax quadricarinatus*, *Biol. Bull.*, 214, 122-134.

Smolka A.J., Lacy E.R., Luciano L. and Reale E.（1994）：Identification if Gastric H,K-ATPase in an Early Vertebrate, the Atlantic stingray *Dasyatis Sabina*, *J. Histochem. Cytochem.*, 42, 1323-1332.

Vanoevelen J., Janssens A., Huitema L.F.A., Hammond C.L., Metz J.R., Flik G., Voets T. and Schulte-Merker S.（2011）：Trpv5/6 is vital for epithelial calcium uptake and bone formation, *FASEB J.*, 25, 3197-3207.

Watanabe S., Mekuchi M., Ideuchi H., Kim Y.K. and Kaneko T.（2011）：Electroneutral cation-Cl cotransporters NKCC2b and NCCb expressed in the intestinal tract of Japanese eel *Anguilla japonica*, *Comp. Biochem. Physiol.*, 159, 427-435.

4章 水産物中の放射能の測定

―――――― 森田貴己

　2011年3月11日に発生した東京電力福島第一原子力発電所（以下，福島第一原発）の事故により，環境に放出された放射性物質によって多くの水産物が汚染され，食品としての安全性について不安がる声が高まりました．水産物の放射能汚染は，今回の事故が初めてではありません．その規模の大小はありますが，私たちは過去にも何度もこうした事態を経験してきています．ここでは，我が国における水産生物における放射性物質測定の歴史を述べるとともに福島県の水産物汚染の現状を紹介したいと思います．

4・1　我が国の水産生物の放射性物質測定の歴史

　ここでは，2011年3月の福島第一原発事故以前の海洋放射能調査を紹介します．我が国の海洋放射能調査の歴史は，第五福竜丸が米国の水素爆弾の核爆発実験（ブラボー実験）により被曝したことが契機で始まります．米国は，1954年3月から5月にかけて北太平洋の赤道近くにあるマーシャル諸島ビキニ・エニウェトク環礁において「キャッスルテスト」と呼ばれる一連の核実験を行いました．この一連の核実験の中で，3月1日に行われた水素爆弾の核爆発実験がブラボー実験です．この実験により生成された放射性物質によって，実験場から約160km東の海上で操業中だった日本のマグロ漁船第五福竜丸が被曝することになります．第五福竜丸は，米国が指定した航行禁止区域から30km以上も離れた安全区域とされていた海域で操業していましたが被曝してしまったのは，米国の核出力の見積もりミスによる不十分な危険水域設定が原因と言われています．米国はこうした事故を起こしながらも実験を継続し（計6回），それにより放出された放射性物質は風や海流によって北太平洋の広範囲を汚染したため，我が国に水揚げされるマグロ類に放射能汚染が確認されるようになりました．このように我が国の漁業に甚大な被害が出始めたことから，水産庁は他省庁・大学の協力を得てビキニ海域での海洋調査を行うことを決定しました．この調査

図4・1　（独）水産大学校に展示されている浚鶻丸の錨．写真は（独）水産大学校より提供．

図4・2　第五福竜丸展示館に展示されている第五福竜丸．

が我が国における海洋放射能調査の始まりです．この調査には，農林水産省水産講習所（現，独立行政法人水産大学校）所属の調査船俊鶻丸（588 トン）が使用されました．当然のことですが，俊鶻丸には換気装置や放射線測定器が設置されていませんから，これらを装備する改造が急いで施され，第 1 次調査としてキャッスルテスト終了後のわずか 2 日後である 1954 年 5 月 15 日に東京港を出航しました．その後 51 日間の航海を終え，2,000 以上のサンプルとともに 7 月 4 日に東京港に帰港します．俊鶻丸の調査結果から海洋汚染の実態が明らかになりましたが，米国は 1956 年から再びビキニ・エニウェトク環礁において核実験を再開します．そのため，日本国政府は再び浚鶻丸をビキニ・エニウェトク付近の海域に派遣しました．この 2 回目の調査は，1956 年 5 月 26 日から 6 月 30 日までの 36 日間行われました．俊鶻丸の派遣の経緯および調査結果は文献（三宅, 1972）に詳しく紹介されています．この俊鶻丸の錨は現在も（独）水産大学校に飾られています（図 4・1）．一方，文部省により買い上げられた第五福竜丸は，残留放射能の調査と除染作業が行われた後，大幅な改造が施されて「はやぶさ丸」と改名し東京水産大学（現，東京海洋大学）の練習船として活用されることになりました．その後「はやぶさ丸」は，その歴史的価値が理解されていなかったのか，その経緯は不明ですが 1967 年 3 月に廃船処分され東京湾のゴミ埋め立て地である夢の島に捨てられました．しかし，保存を望む声が高まり廃棄処分から 9 年後，東京都が建設した第五福竜丸展示館に保存されることになり，現在も展示されています（図 4・2）．金沢大学の山本らは，1995 年に第五福竜丸が使用していた浮標から物理学的半減期 30.1 年のセシウム 137（^{137}Cs）（1.86 ± 0.05 Bq/g-wet）だけでなく物理学的半減期 5.27 年のコバルト 60（^{60}Co）（0.091 ± 0.011 Bq/g-wet）なども検出しており，当時の被曝の大きさが伺い知れる報告を行っています（Yamamoto *et al.*, 1996）．

　俊鶻丸でのビキニ海域調査後は各省庁が個々に独自の調査を継続していましたが，大気圏内核実験由来の放射性降下物（いわゆる fall out）による各種食品中の放射能濃度の増加が社会的問題となり，我が国の原子力委員会は各省庁の調査を整理し，1956 年放射能調査計画要綱を策定しました．この要綱のなかで，海洋業務に携わるいわゆる海の三官庁（水産庁，気象庁，海上保安庁）がそれぞれの専門分野を分担して海洋放射能調査を行うことが決定されました．その後米国・旧ソ連の大気圏内核実験がより一層増加し日本への放射性降下物の量もさらに増加したことから，1961 年に内閣に放射能対策本部を設置することが

閣議決定され，環境放射能調査が強化されています．1957 年以降，原子力およ
び放射能に関する行政を科学技術庁が所轄し各省庁の放射能関連の業務の予算
は放射能調査研究費に統一されていましたが，省庁再編などにより本予算はそ
の後文部科学省を経て，現在は原子力規制庁へと受け継がれ継続しています．こ
れらの調査結果は，東京電力福島第一原発事故以前からインターネット上で一
般公開されており，調査結果を閲覧・入手することが可能となっています（http://
www.kankyo-hoshano.go.jp/kl_db/servlet/com_s_index）．

　放射性降下物の主要な源である大気圏内核実験は，1963 年大気圏内外及び水
中核実験停止条約が調印（フランス・中国は除く）されたことにより大幅に縮
小されました．未調印国であるフランス・中国は，その後も実験を続けていま
したが，1980 年 10 月の中国による実験が最後となりました．こうしたことか
ら放射性降下物による汚染は著しく減少したのですが，1970 年代から日本沿岸
で多くの原子力発電所が建設されるにつれ，その安全性と放射性廃棄物の処理
の問題が生じることとなります．この放射性廃棄物(低レベル放射性固体廃棄物)
は，当初海洋処分（深海投棄）することが検討されていました．当時の方針は，
我が国の原子力開発利用長期計画に「海洋処分については，処分キュリー数を
制限するならば，海洋処分を安全に行う方法を立案することは可能であると思
われるので，その安全性を保証し得る処分量に限定し，これを満たす規模と内
容の海洋調査を事前に行う．一方，種々の被処分体サンプルを用意して総合的
な安全評価を行い，試験的海洋処分を実施し，投棄後の被処分体の追跡及び海
洋調査を行う．これらによって得られる知見およびその時までの深海に関する
最新の知見に基づいて，昭和 50 年代初め頃までに海洋処分の見通しを得ること
とする」と述べられています（水産庁, 1975）．この方針に沿って水産庁，海上
保安庁，気象庁は 1975 年から 1985 年にかけて精力的に深海投棄候補海域の基
礎調査を行いました．この調査において，水産庁東海区水産研究所（現，独立
行政法人水研総合研究センター中央水産研究所）は北太平洋中部の水深 5,000
〜 6,000m において深海性ソコダラが多く分布していることや多様な生物相が
存在していることを明らかにしています．その後，陸上で発生した廃棄物を海
洋投棄することおよび洋上焼却することによる海洋汚染を防止することを目的
とするロンドン条約（廃棄物その他の物の投棄による海洋汚染の防止に関する
条約，日本は 1980 年批准）により，深海投棄計画は事実上中止されることにな
りますが，この時確立された深海域での調査手法は，1989 年の米空母からの核

兵器落下事故の発覚や 1993 年に旧ソ連・ロシアによる日本海深海域への放射性
廃棄物の海洋投棄が明らかになった際の調査に生かされています．ところで，筆
者は 2000 年頃にある海洋プランクトン学者から放射性廃棄物は深海投棄するこ
とが望ましいとの意見を耳にしたことがあります．現在（2014 年 4 月末日），福
島第一原発の汚染水を多核種除去装置で処理した後に発生する大量のトリチウム
（3 重水素 ^{3}H）水を海洋に放出することも含めて処分方法が検討されています．
正常運転をしている原子力発電所においてもトリチウム水が環境中に大量に放出
されているとはいえ，それを安易に海洋に放出することには疑問を感じざるを得
ません．しかし，放射性廃物を深海投棄することが望ましいと考える海洋学者が
存在していたことから，海を未だにゴミ捨て場，もしくはその浄化能力を過信し
ている人々がいても不思議ではないと思われます．ちなみに後述する濃縮係数は，
トリチウムは全ての海産生物で 1 です（表 4・1）．すなわち海水中のトリチウム
濃度と海産生物中のトリチウム濃度は等しくなります．

表4・1　海産生物の元素濃縮係数

元　素	種　類						
	植物プラ ンクトン	動物プラ ンクトン	藻類	甲殻類	軟体類 （頭足類 を除く）	頭足類	魚類
セシウム	20	40	50	50	60	9	100
ヨウ素	800	3,000	10,000	3	10	–	9
ストロンチウム	1	2	10	5	10	2	3
プルトニウム	200,000	4,000	4,000	200	3,000	50	100
トリチウム	1	1	1	1	1	–	1

データは，IAEA（2004）より引用．－はデータなし．

　我が国および近隣諸国における原子力発電所の建設が増加していますが，我が
国の原子力発電所周辺海域では，原子力規制庁の「海洋環境放射能評価事業」に
より海洋環境放射能調査が行われています．また，我が国には米国の原子力潜水
艦が寄港していることから，その調査も定期的に行われています．この原子力潜
水艦調査は 1964 年に米国原子力潜水艦シードラゴン号の我が国への寄港を認め
るにあたり，日本国政府として放射能調査を実施すべきであるとした原子力委員
会決定を受けて，実施することになったものであり，現在も原子力規制庁を中心

に継続されています．その目的は米国原子力軍艦寄港地（沖縄県金武中城湾，神奈川県横須賀港，長崎県佐世保港）周辺住民の安全を確保することにあります（沖縄県金武中城湾の調査は，沖縄の日本への復帰後から行われています）．1968年には佐世保港に入港した米国原子力潜水艦ソードフィッシュ号による放射能漏れ事故が生じたことがありますが，その後そうした事故は生じていません（三宅，1969）．

　この他，1986年にはチェルノブイリ原子力発電所事故（以下チェルノブイリ原発事故）による海洋汚染があり，1995年には沖縄県鳥島における米軍劣化ウラン弾の使用も発覚しています．また，海洋汚染は生じませんでしたが，1999年の東海村JCO臨界事故は茨城県産水産物の大きな風評被害を発生させました．このように2011年の福島第一原発事故による海洋放射能汚染以前にもいくつかの海洋放射能汚染が生じており，その対応のため俊鶻丸調査以降も海洋環境放射能調査体制は，維持されていました．

4・2　2011年福島第一原発事故以後の測定の経緯

　我が国では核実験による海洋汚染や放射性降下物の調査，放射性廃棄物の海洋投棄の調査，チェルノブイリ原発事故による輸入食品の検査，原子力施設周辺の調査等々，海洋だけでなく陸域も含めて充実した調査体制が組まれていました．しかし，チェルノブイリ原発事故以降大規模な事故が生じていなかったこと，加えて2001年から国立研究機関の独立行政法人化が進んだことから研究成果が求められるようになり，華やかな研究成果を生み出さないモニタリング調査が主体である放射能調査の部門は徐々に縮小されていきました．例えば，(独)放射線医学研究所で海洋調査をおこなっていた那珂湊支所は，2007年に廃止が決定されました．放射能調査は非常に地味な調査であり，何事もない（トピックがない）ことが最上の結果です．常に成果（トピック）をもとめる研究体制においては，存続し続けることは非常に困難です．我が国の環境放射能調査・研究を牽引してきた気象庁気象研究所でさえ，福島第一原発事故発生当時に放射能調査をおこなっていた研究者は，50歳代の研究者が2名しか存在していなかったそうです．(独)水産総合研究センター（水研センター）においても，1971年に放射能部（2研究室）が設立されましたが，1989年に1研究室に縮小され，2011年の事故発生時には，放射能調査を行う研究者は3名（正規職員は2名）

しか在籍していませんでした.

　福島第一原発事故は 2011 年 3 月に生じたため,当然ですが,その調査にかかる費用は予算計上されていませんでした.このため,当時各省庁の放射能調査研究費を一括で所管していた文部科学省は,予算要求時に計画していた調査ではなく福島第一原発事故の調査に本研究費を振り替えることを各省庁に要請しました.ほとんどの省庁がこの要請に応じたようですが,中にはこの要請に応じなかった省庁もあったと聞いており,過去に各省庁や大学などが連携して行った俊鶻丸の精神は,残念ながら受け継がれていなかったようです.海洋における放射能調査体制は,これまでの経緯から水産物は水産庁,海水は気象庁と海上保安庁,海底土は海上保安庁と水産庁(水産庁は漁場の海底土)いう役割分担が明確になっていましたが,今回の事故では様々な経緯により海水と海底土の調査は文部科学省が(独)海洋開発研究機構と(独)原子力開発機構の協力を得て行うことになりました.当初は,福島第一原発から沖合 30 km での調査が行われていましたが,汚染水が沿岸を沿うように流れることが明白であったことから,水産庁が文部科学省に沿岸での調査も求め,調査地点が増やされました.また,当初はセシウム 137(^{137}Cs)の濃度のみが公表されていましたが,これも水産庁よりセシウム 134(^{134}Cs)の濃度の公表も求められ,即座に公表されるようになりました.この海水と海底土の調査は,その後予算化され,外部の検査機関に事業として委託され継続されています.また,現在は文部科学省から原子力規制庁に本事業は引き継がれています.

　水産物は食品の一品目であることから,その検査は食品中の放射性物質の検査として厚生労働省主導で行われることになりました.この食品中の放射性物質の検査は,食品衛生法に基づいた 2011 年 3 月 17 日の厚生労働省食品安全部長通知により始まります.この時設定された暫定規制値は,1998 年に原子力安全委員会が策定した「飲食物の摂取制限に関する指標」をもとに設定されています.食品衛生法のもとで行われる本検査の実施主体は各自治体ですが,原子力発電所立地県にはモニタリング検査のために検査機器であるゲルマニウム(Ge)半導体検出器が整備されていましたが,その他の県では保有されていませんでした.また,原子力発電所立地県でもその保有台数が少なかったことから,当時は検査能力が全く足りない状態でした.このため,水産庁は水研センターに水産物の検査の協力を要請し,水研センターが自治体の検査の協力を行うことになりました.当時,津波の被害のため青森から千葉県の一部に至るまで漁

業が行われておらず，検査試料を入手するのが非常に困難で，水産庁では部長が自ら漁協に電話して試料を集めていたそうです．水産庁の要請に基づく独立行政法人 水産総合研究センター（以下，水研センター）での最初の検査結果の公表は，2011 年 3 月 24 日におこなった千葉県産キンメダイの測定値です（水産庁，2014）．これは入手できた水産物から検査を始めたからですが，福島県から離れた千葉県産の魚の検査結果を最初に公表したことに対して少なくない批判がありました．流通する可能性のある水産物を検査することは，その安全性を確認する上で重要であると水産庁や水研センターでは考えていましたが，大学の教官の中にはそうした検査を止め，測定機器を全て福島県の水産物（当時は，試験操業も行われておらず，水揚げがなかった）の検査に回すべきであるという意見の方もおられたようです．こうして始まった食品中の放射性セシウム(Cs)検査の法律上の実施主体は地方自治体であったことから，水研センターから測定結果を厚生労働省に報告することはできず，また水産庁から厚生労働省に報告しても公式の検査結果として認められないことから，まず検査試料を提供してくれた地方自治体に検査結果を報告し，その自治体から厚生労働省に報告してもらう必要がありました．当時の混乱した状況の中で，この手順が確立するまでかなりの労力を要したと記憶しています．

　暫定規制値における食品中の放射性物質検査の対象核種は，放射性ヨウ素（I）（混合核種の代表核種：^{131}I），放射性セシウム（Cs），ウラン（U），プルトニウム（Pu）および超 U 元素[注1] の α 線放出核種［プルトニウム 238,239,240,242（^{238,239,240,242}Pu），アメリシウム 241（^{241}Am），キュリウム 242,243,244（^{242,243,244}Cm）］の放射能濃度であり，放射性ストロンチウム（Sr）は含まれていません．また，現行の基準値でも，測定対象核種は放射性セシウム Cs のみです．これは，放射性 Cs の暫定規制値（500 Bq/kg-wet）を設定する際に，セシウム 137（^{137}Cs）の 1/10 量のストロンチウム 90（^{90}Sr）が含まれていると仮定してその暫定規制値を設定しているためです．現行の基準値では，水産物においては放射性セシウム（Cs）以外の放射性核種からの線量を放射性セシウム（Cs）と等量と仮定しています．この仮定は食品の種類ごとに異なり，食品全体では放射性セシウム（Cs）以外の核種［ストロンチウム 90（^{90}Sr），ルテニウム 106（^{106}Ru），プルトニウム（Pu）など］からの線量は，放射性セシウム（Cs）の約 12％と仮定されています．多くの研究者や大学の教官らが放射性ストロンチウ

[注1] 超 U 元素：ウランよりも原子番号の大きな元素．

ム（Sr）の人体に与える影響をメディア通じて紹介したことから，暫定規制値でも放射性ストロンチウム 89, 90（^{89,90}Sr））からの影響を考慮しているとはいえ，多くの人が放射性ストロンチウム（Sr）による食品汚染を懸念しました．そのため，水産庁は水研センターに水産物中の放射性ストロンチウム（Sr）濃度の測定を要請しました．放射性ストロンチウム（Sr）の測定は食品衛生法に基づく検査ではないため，その測定試料を集めることは非常に大変でした．この場をお借りして，試料提供に協力してくださった方々に御礼を述べたいと思います．当時水研センターには，放射性ストロンチウム（Sr）を測定できる研究者が在籍していなかったことから，その測定を外部の分析機関に委託するとともに，研究所内でも測定できるように体制の構築が進められ，現在では研究所内でも測定ができるようになっています．放射性ストロンチウム（Sr）の最初の報告は 2011 年 6 月 28 日であり，その後も随時測定値が水産庁の HP で公表されています（水産庁, 2014）．ここで試料の採集地点を緯度経度で示しているのは，一部の自治体に地名を記載する同意が得られなかったためです．放射性ストロンチウム（Sr）の検査数が少ないことは，多くの人にとって不満のようです．現時点において（2014 年 4 月末日），水産物中の放射性ストロンチウム（Sr）濃度を定期的に測定・公表しているのは，水産庁・水研センター，環境省，（株）東京電力の 3 機関だけです．この 3 機関だけでは，今後測定検体数の劇的な増加は望めないことは言うまでもありません．放射性ストロンチウム（Sr）の測定は非常に煩雑であり時間も要しますが（約 1 ヶ月），その測定に必要な機材は多くの大学や研究機関が所有しています．水産物中の放射性ストロンチウム(Sr)の人体影響を懸念する多くの研究者や大学の教官らが，その測定を行ってくれれば測定検体数をもっと増やすことが可能になるでしょう．これまでの水産物中のストロンチウム 90（^{90}Sr）の測定結果から，暫定規制値および現行の基準値を設定する際に仮定されたストロンチウム 90（^{90}Sr）の存在比を上回ると思われるような濃度は検出されておらず，むしろその仮定は過大すぎるようですが，現行の基準値決定の際に仮定された放射性セシウム（Cs）に対するストロンチウム 90（^{90}Sr）を含む放射性セシウム（Cs）以外のそれぞれの各種単独の存在比をどのように仮定し，また検証したかは，現在（2014 年 4 月末日）においても厚生労働省によって公表されていません．早く公表してもらいたいと思っています．そのような検証結果を公表することによって，放射性ストロンチウム(Sr)の検査数を増やす以上に，一般の方々の食品中の放射性ストロンチウム（Sr）

に対する不安が払拭されることは間違いありません.

　上記したように，暫定規制値における測定対象核種は，放射性ヨウ素（I），放射性セシウム（Cs），放射性ウラン（U），放射性プルトニウム（Pu）および超U元素のアルファ線放出核種でしたが，実際に測定が行われたのは，ヨウ素131（^{131}I）と放射性セシウム（Cs）の測定が大部分でした. そもそも自治体においてウラン（U），プルトニウム（Pu）および超U元素のアルファ線放出核種を測定することはほとんど不可能であったと思われますが，この指示を受け取った自治体の担当者はどう思っていたのでしょうか. なお，魚介類には当初放射性ヨウ素（I）については規制値が設定されていませんでした. これは魚介類，穀類，肉類などでは放射性ヨウ素は物理学的半減期が短く食品中での蓄積や人体への移行の程度が小さいと原子力安全委員会が考えていたためですが，2011年4月4日に茨城県北茨城市で採取された表層を漂うように生息しているコウナゴ（イカナゴの稚魚）から，4,080 Bq/kg-wet のヨウ素131（^{131}I）（物理学的半減期：8.04日）が検出されたことから，2011年4月5日に追加的に魚介類にも放射性ヨウ素（I）の暫定規制値が設けられました. このことは，当初想定していなかったことに対してあわてて規制値を定めたように消費者の目にうつり，漠然とした不安を増幅させたと言われています. しかしチェルノブイリ原発事故時にも，我が国周辺のイワシ類や海藻類からヨウ素131（^{131}I）が検出されており，事故時に表層に生息する魚や海藻からヨウ素131（^{131}I）が検出されるのは環境放射能研究者の間では常識です. なぜ原子力安全委員会が上記のように考えていたのかは明らかではありません. 検査に使われたGe半導体検出器はγ線放出核種を一度に測定することができることから，2011年当時はテルル129m（^{129m}Te）（物理学的半減期：33.6日）や銀110（^{110m}Ag）（物理学的半減期：250日）といったγ線放出核種も検出されていましたが，測定対象核種でないため公表されなかったようです. そのデータを保有しているはずの厚生労働省や自治体は，是非データの公開を行ってもらいたいと思っています.

4・3　どの水産物を測るのか？

　我々が食する水産資源生物に限ってもその種類は膨大であり，これらを全て調査することは費用・人手などの事情により不可能です. そこで試料種選択には何らかの基準が必要とされます. ただし，今回の福島第一原発事故においては，

食品汚染の懸念が急速に高まったことから，これを払拭するためにも後述するような測定対象生物の選定を意識しつつもそれに固執はせず，食する可能性のある水産物はできる限り検査を行うようにしました．非常に多くの種類の水産物を，それも正しく種名を同定し検査したことにより，非常に多くの魚種名が検査結果表に記載されています．何人かの研究者，特に大学の教官からは魚種を絞って検査すべきであるとの意見を頂きましたが，上記したように食品汚染の懸念を払拭することが重要であるとの考えから，魚種を絞るようことは行われませんでした．これまでの海外の事故後調査でも，我が国のように細かく種類を分類している調査は珍しく，ヒラメとカレイを一括りに扱われている調査例もあるほどです．魚種を正確に分類して検査しようとする我が国のやり方は，水産物を多く食する国としての文化的背景が影響しているのかもしれません．

1）調査対象海域を分ける

　今回の福島第一原発事故では直接海洋に汚染水が漏洩した以外に，大気に放出された放射性物質の海洋への降下，またそれらが一旦陸上に降下した後に河川などを通じて海に入っています．しかも，それは福島第一原発を中心とした比較的狭い範囲で生じています．過去の核実験でも海流によって放射性物質が運ばれてきましたが，かなり拡散した状態で日本近海に運ばれてきたこと，また大気圏から降下してくる放射性物質は広範囲に降下していたことから，今回の事故のように我が国においてある特定の場所が高濃度に汚染されている状況ではありませんでした．今回の調査では，特定の汚染源を含んでいるため，汚染源の距離によって調査海域を区分して，その特定に合わせて，調査密度，方法を選択すべきです．今回の調査では，以下の4海域に分けて調査を行いました．

① 北海道周辺沿岸から沖合域に，北千島からカムチャツカ半島に至る海域を加えた北方寒流域
② 黒潮域から三陸沖混合水域にいたる沿岸・沖合域の本州太平洋近海域
③ 典型的な大陸棚漁場である東シナ海域
④ 閉鎖性が強く深層に日本海固有水をもつ日本海域

2）調査対象試料の選定
（i）水産資源としての重要性を考える
　放射能調査の大前提は国民の食料の安全を確保することです．そのため生物

種は水産資源生物，つまり我々が日常よく口にするものを中心に調査を行いました．先に述べた海域内で生息している水産資源生物のなかで魚類・軟体類・甲殻類・藻類のそれぞれの代表生物種（存在量が多いもの）を調査対象としました．

（ⅱ）回遊・食性・鉛直分布を考える

魚の中には，サケ類やマグロ類のように大回遊するものがいます．こうした回遊性魚種は大きく海洋全体の放射能濃度を知るには都合がよいですが，個々の海域の放射能濃度をモニタリングするには不向きです．これは生物体内の放射能濃度が生息環境（主に海水）の放射能濃度を反映するまでにある程度の時間が必要であるためです．海産生物中の放射能は海水から直接取り込まれたものと餌から取り込まれたものがあります．表層では植物・動物プランクトンが多く存在しこれらを食べる小型の海洋生物が多く生息します．さらにこれらを食べるマグロ・ブリなどの大型の海洋生物も生息しています．深層では表層ほど餌環境がよくないため何でも食べる雑食性の種が多くなります．海水中の放射能核種の分布は，核種によっても異なりますが，セシウム137（^{137}Cs）は表層のほうに分布する傾向があります．また，海底土には多くの放射性物質が蓄積しますが，砂地の海底には放射性物質は蓄積されにくいです．このような条件が重なり合い，海産生物中の放射能濃度が決定されていくため，食性・鉛直分布などを考慮した試料選定が必要となります．また，後述するようにイカ類のように1年という寿命を利用して，年度ごとの汚染状況を評価することも行われています．

（ⅲ）生物種による濃縮特性

海洋生物には，その生理的機構によって特定の放射性核種の濃度が高くなる種が存在します．例えば，ワカメやコンブなどの褐藻類は，ヨウ素（I）を高濃度（海水の1万倍以上）に濃縮する特性があります（表4・1）．今回の福島第一原発事故により放出されたヨウ素131（^{131}I）は，医療にも使用されています．この使用量は非常に多いため，下水処理施設の底泥から検出されることが今回の事故以前から知られていました．福島第一原発事故から1年以上も経過した後，関西地方の下水処理施設の底泥から物理学的半減期がわずか約8日しかないヨウ素131（^{131}I）が検出されていることが不思議がられましたが，その原因は医療用のヨウ素131（^{131}I）です．筆者は，以前この医療用のヨウ素131（^{131}I）を褐藻類から検出しており，褐藻類のヨウ素濃縮能力を再確認させられたことがあります（Morita *et al.*, 2010a）．また海藻類には元々カルシウム（Ca）やス

トロンチウム（Sr）が多いため，環境に非常に低濃度しか存在していないストロンチウム 90（^{90}Sr）を検出することができます（Morita *et al*., 2010b）．2013 年 12 月に宮城県沿岸で採取された海藻類から 0.055 〜 0.069 Bq/kg-wetのストロンチウム 90（^{90}Sr）が検出されていますが（水産庁, 2014），2000 年から 2010 年の間に我が国周辺の海藻類中のストロンチウム 90（^{90}Sr）濃度は検出下限値以下から 0.065 Bq/kg-wet の間でしたから，この宮城県沿岸で検出されたストロンチウム 90（^{90}Sr）が福島原発由来であると断定はできません．

　セシウム（Cs）はアルカリ金属に属する水溶性の元素であり，同じアルカリ金属に属しているカリウム（K）と同様の挙動を示すことが古くから知られています．そのため，魚介類を部位別に測定すると，カリウム（K）を多く含む筋肉から放射性セシウム（Cs）濃度が比較的高く検出されることが以前から知られています．今回の事故後にも，この傾向は確認されています（図 4・3）．事故後，我が国で行われている食品中の放射性物質の検査は厚生労働省が 2002 年 3 月に策定した「緊急時における食品の放射能測定マニュアル」に従って行われており，水産物の検査において可食部（筋肉部）を中心に検査が行われています．今回の福島第一原発事故からは大量の放射性セシウム（Cs）が放出されており，筋肉部を中心とした検査は放射性セシウム（Cs）の性質にあった検査方法であるといえます．また，魚類を検査する際に頭部など筋肉量が少なく重量がある部位を混ぜて検査すると放射性セシウム（Cs）濃度は低く測定されてしまいます．

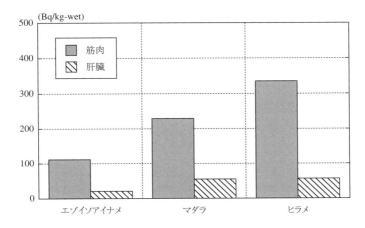

図 4・3　魚類筋肉と肝臓中に含まれている放射性セシウム（^{134}Cs ＋ ^{137}Cs）濃度の比較．データは，伊藤ら（2013）より引用．使用したのは 2011 年のデータの一部．

汚染物質は内臓に蓄積するという考えが浸透しているようで，内臓を除外して筋肉部だけで放射性セシウム（Cs）を測定する方法には当時国内外から批判がありましたが，的外れな批判であったと言えます．セシウム（Cs）は水溶性であることから，魚介藻類に取り込まれてもカリウム（K）同様に体外へ排出され，そのまま体内に留まり続けることはありません．このため，食物網における栄養段階の高いものほど放射性Cs濃度が高くなる傾向はありますが（笠松,1999），その差は水銀などの汚染物質と比較すると極わずかで，Csの濃縮係数注2は魚類でも最大100程度です（表4・1）．ところで，全ての放射性物質が食物網における栄養段階の高いものほど濃度が高くなるわけではありません．例えば，ルテニウム106（^{106}Ru）は，海藻からアワビへの経路以外では食物連鎖を経ても濃度が低下していくことが知られています（南迫・梅津,1983）．セシウム（Cs）が水溶性であるという性質を利用して魚肉中の放射性セシウム（Cs）濃度を低減させることができます．魚肉から蒲鉾を製造する工程に水晒しという工程があります．この工程は蒲鉾作成に不必要な成分，つまり魚肉中の脂，水溶性タンパク質，血液などの汚れを水とともに流し，ゲル形成能の向上，製品の色つや・においの改善に効果があります．東京大学の渡部らは，放射性セシウム（Cs）に汚染されたニベとマダラの筋肉についてこの水晒し処理を施したところ，約80％の放射性セシウム（Cs）が取り除けたと報告しています（渡部ら,2013）．この結果は，筋肉中の大部分の放射性セシウム（Cs）がカリウム（K）と同様にイオン化した状態で水溶性画分に存在していることを示唆しています．

　俊鶻丸調査に参加した研究者らは当時の性能の悪い放射線測定器で，米国による「キャッスルテスト」に汚染された汚染魚の主たる原因が核分裂性放射性元素ではなく誘導性放射性元素注3のマンガン54（^{54}Mn），鉄55（^{55}Fe），鉄58（^{58}Fe），亜鉛65（^{65}Zn）であること突き止めています．これらの放射性元素は，マグロ類の鰓や内臓で高く検出されていました．内臓で高かった理由は，現在の知見から推測すると，マグロ類の餌となるイカ類が肝臓にこれらの放射性元素を濃縮しておりそのイカ類が胃内容物に含まれていたこと，マグロ自身も肝臓中にこれらの放射性元素を濃縮していたためであると考えられます．俊鶻丸の調査員らはマグロ筋肉中の放射能濃度が低いことがわかると，採集したマグロの筋肉を船内で食していたそうです．当時，イカ類の肝臓（中腸線）中に存

注2　濃縮係数：ある水生生物の生体内の物質の濃度と海水中の濃度の比
注3　誘導性放射性元素：中性子などとの核反応で生じる核種

在する高濃度の放射性元素の核種は不明でした．しかし核実験が最盛期を迎える約 10 年後に，イカ肝臓中にコバルト 60（^{60}Co）や銀 110m（^{110m}Ag）の存在が確認されました（Folsom・Young, 1965）．イカは寿命が 1 年であること，肝臓中にこうした放射性元素や他の重金属，PCB，TBT などをよく濃縮することを利用して，イカを指標生物としたスクイッド・ウオッチと呼ばれる調査が行われています（梅津 , 1998）．今では，イカだけでなく無脊椎動物（甲殻類や軟体類）の肝臓（肝膵臓や中腸線）には，コバルト 60（^{60}Co），銀 108m（^{108m}Ag），銀 110m（^{110m}Ag），プルトニウム（Pu）などが検出されることが知られています（Morita *et al.*,2010c）．こうした生物種は，血液中にヘモシアニンという銅（Cu）をもつ色素タンパク質を有しており，この銅（Cu）が銀（Ag）に置き換わることで肝臓中から銀 108m（^{108m}Ag）や銀 110m（^{110m}Ag）が検出されると考えられています．ところで，微量しか含まれていない放射性セシウム（Cs）など放射性物質を測定する際に，試料を灰化して濃縮後に測定することがよく行われています．通常のこの灰はまさに灰色ですが，頭足類の肝臓から作成した灰は銅（Cu）が多く含まれるため薄青色をしています．無脊椎動物の肝臓から検出されるプルトニウム（Pu）やコバルト 60（^{60}Co）は金属結合タンパク質の 1 種であるメタロチオネインに吸着している可能性も示唆されていますが，タコ類の鰓心臓[注4]からコバルト 60（^{60}Co）が高濃度で検出されることから，コバルト 60（^{60}Co）に関しては銀 108m（^{108m}Ag）や銀 110m（^{110m}Ag）と同様にヘモシアニンが関与している可能性が高いと思われます．水研センターのモニタリング調査において，1986 年から平成元年まで東シナ海産マダコ肝臓よりコバルト 60（^{60}Co）が検出されたことがあります．その後検出されない期間が続きましたが，1995 年度以降から再び 2005 年度まで（1999 年度を除き）検出されました．この時期にコバルト 60（^{60}Co）か検出されたのは東シナ海産のマダコのみで，九州沿岸や他の海域産のマダコおよびミズダコからは検出されていません．このことからコバルト 60（^{60}Co）の汚染源は日本沿岸に存在していないと考えられ，このコバルト 60（^{60}Co）が継続して検出されていましたが，その濃度は年々減少傾向にあったことから，その汚染源は固形物として一過性に東シナ海に放出されたものであると推測されました．しかし，その汚染源の特定には至りませんでした（Morita *et al.*, 2010d）．こうした生物種の特性をよく理解していなければ，放射能汚染に対して正確な評価を下すことはできま

注4　イカやタコの鰓の基部にある心臓の機能を補助するポンプとしての機能をもつ器官

せん．また，こうした生物種の特性を利用することにより，海水中に非常に微量しか存在しない元素の検出も可能となります．例えば，シャコガイの腎臓ではマンガン（Mn），亜鉛（Zn），ニッケル（Ni）が，ホヤの血液からはバナジウム（V）が高濃度に濃縮されていることが知られています（鈴木，1994）．

　生物中の放射性セシウム（Cs）濃度は，取り込み量と排出量の差で決定されます．この取り込み経路には餌生物からと環境水から取り込まれる経路の2つがありますが，水圏生態系における放射性セシウム（Cs）の最初の導入は環境水であることから，最終的に生物中の放射性セシウム（Cs）濃度が環境水中の濃度の何倍になるのかを示す指標として，濃縮係数（体内中濃度 / 海水中濃度）という指標がよく使われます（表4・1）．この指標は生物が実際に環境水からのみ直接濃縮できる値ではなく，上記した2経路から取り込んだ結果の値であること，濃縮係数は正確には体内中濃度（生物相）と水中濃度（水相）の間で平衡関係が成立している状態で算出されなければいけないことを忘れてはいけません．濃縮係数の扱いで注意すべき点は，餌生物とその捕食者が同一環境に生息していない場合，また後述する対象としている生物が移動する場合があるということです．例えば，深海生物は，死亡後深海へ落下沈降してくる中深層性生物などを主要な餌としていますが，その餌生物と深海魚の生息水深の環境水中の放射性 Cs 濃度が異なるため，単純に深海魚の濃縮係数を計算すると極端に大きな値となってしまいます．決して深海魚が放射性物質を高濃度に濃縮する能力を有しているわけではありません（吉田，1999）．

（iv）系統群を考える

　野生生物には地域個体群（regional population）という概念が存在しますが，水産学の分野においてはこれを系群と呼んでいます．系群とは同じ種ではありますが，産卵場，産卵時期，分布範囲，回遊経路などが異なる独立性の高い地域集団と定義されています．系群が違っていても種としては同一種のため，当然その生理機構は同一であると考えられます．したがって分布域が異なる系群間に放射能濃度差が生じれば，それは海域差であると言うことができます．ここでは，こうした系群を利用した研究例を1つ紹介します．我が国周辺に生息するスケトウダラには，日本海北部系群，オホーツク海南部系群，根室海峡系群，太平洋系群といった系群が存在していることが知られています．2000 年度に北部日本海系群，オホーツク海南部系群，根室海峡系群から採集されたスケトウダラ筋肉試料中のセシウム 137 （^{137}Cs）濃度が，それまでよりがわずかに上昇

し翌年には元の水準に戻りました（図4・4）．一方，太平洋系群やその濃度が上昇したスケトウダラが採取された海域の他の水産物のセシウム137（¹³⁷Cs）は上昇しなかったこと，北部日本海系群は広い範囲を回遊すること，その回遊範囲などを考慮すると，この濃度を上昇させた汚染源は日本沿岸には存在しておらず，スケトウダラが日本海を回遊中に他国沿岸において取り込んだものと結論づけられました（Morita *et al.*, 2007）．この結果は，調査を行うことが難しい海域でも海産生物の回遊特性を利用することにより調査を行える可能性を示しています．また，上記した3つの系群において同時にセシウム137（¹³⁷Cs）濃度が上昇したということは，これら3系群の分布・回遊海域が一部で重なっていることを示唆しています．今回の事故でも，放射性セシウム（Cs）に汚染された魚種の移動が見られています．2012年に青森県産のマダラ筋肉から100 Bq/kg-wetを超す放射性セシウム（Cs）が検出され出荷制限措置が一時期行われていたことがありました（水産庁，2014）．しかし青森県海域が汚染されていたわけではありません．他の水産物の検査結果やこれまで知られていたマダラの生態学的知見から，汚染されたマダラが青森県産海域に回遊していったものと考えられています．また，クロマグロの幼魚の一部は太平洋を横断し米国西海岸に達することが以前から知られていましたが，カリフォルニア沖で採取されたクロマグロ幼魚から福島第一原発由来の放射性セシウム（Cs）が極微量（Cs-134: 4.0 ± 1.4 Bq/kg-dry）検出されたことから，その横断が再確認され

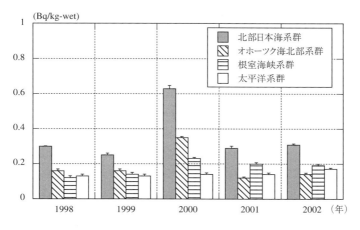

図4・4　スケトウダラ筋肉中のセシウム137（¹³⁷Cs）の濃度．データは，Morita *et al.*（2007）より引用．

ています（Madigan *et al.*, 2012）．

4・4　福島第一原発事故の影響

1）水産物中の測定値の時系列的，空間的変動

　福島県から茨城県にかけての沿岸域では，年間を通じて南に向かう海流が卓越しています．この流れは鹿島灘南部あたりから離岸して黒潮続流と呼ばれる流れに沿って東に向かいます．別項で紹介されているように，福島第一原発2号機から数日間漏洩した高濃度の放射性セシウム（Cs）を含む汚染水の大部分がこの海流によって，原子力発電所の南側の沿岸に沿って流れて行き，その後東側に流れていったと考えられています．この様子はいくつものコンピューターシミュレーションの結果からも示されているので，目にされた方もおられるでしょう．こうした汚染水の流れにより，水産物および海洋環境の汚染状況は原発の南側のほうが，また沿岸側が深刻になりました．この放射性セシウム（Cs）を含む汚染水は，表層を漂うコウナゴやシラスを直接汚染した後，拡散・希釈したことによりその放射性セシウム（Cs）濃度が低下していきましたが，濃度低下前にその一部の放射性セシウム（Cs）は海洋を浮遊する懸濁粒子に吸着したりして海底に沈降していきました．また，表層生態系に取り込まれた放射性セシウム（Cs）も時間の経過とともに，生物の糞や死骸と一緒に海底に沈降していきます．こうした沈降粒子により，放射性セシウム（Cs）が急速に表層から除去されていく過程は，チェルノブイリ事故時にも報告されています．また，放射性セシウム（Cs）を吸着した粒子が表層から沈降し海底に堆積するのとは別に，汚染水が海底堆積物もしくはその再懸濁物に海底付近で直接接触することにより，放射性セシウム（Cs）が直接海底堆積物に吸着した経路もあったと考えられています．

　福島県の水産物は，福島県水産試験場が精力的なモニタリングを行っており，詳細なデータをHP上で公開しています（福島県水産試験場, 2014）．図4・5にその結果の一部を示します．概要を述べると，福島第一原発から南側の海域（エリア6, 7, 8, 9）から採取された水産物中の汚染度は高く，北側の海域（エリア1, 2, 3, 4）は低いです．また，沖合域（エリア2, 4, 5-2, 7, 9）よりも沿岸域（エリア1, 3, 5-1, 6, 8）のほうが汚染度は高い傾向にあります．さらに南側では福島第一原発に近いほど（エリア6）汚染度が高いことがわかります．この図4・5が示すよう

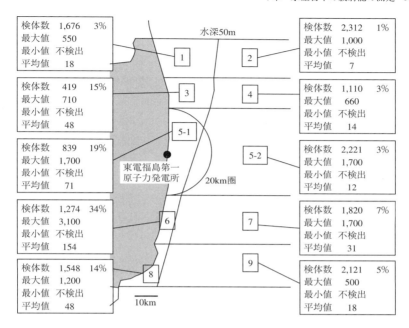

図4・5　福島県による調査海域及びおよびエリア別放射性 Cs（^{134}Cs + ^{137}Cs）濃度（Bq/kg-wet）と基準値（100 Bq/kg-wet）超過率（％）. データは, 福島県水産試験場（2014）から引用. 2012年1月1日から2014年3月31日までの調査結果. 平均値算出には不検出データは, 0として計算されている. 20 km 圏内に設定されていた警戒区域は, 平成25年5月28日に全て解除されている.

に汚染は福島県海域内でも均一ではなく, 沖合域のように汚染度が低い海域が存在していることがわかります. こうした汚染の不均一性が今回の事故の特徴といえるでしょう. これまで我が国が経験してきた核実験やチェルノブイリ事故などによる海洋放射能汚染では, その汚染源が遠方に存在しており, 放射性物質が我が国に到達する時点では広範囲に均一化されていたため, 我が国周辺の水産物は低い濃度に広範囲に汚染される場合がほとんどでした. このため, 海洋生態系の食物網では栄養段階の高さに応じて放射性セシウム（Cs）濃度に, 極僅かな差が見られていました（笠松, 1999）. 一方, 今回の福島第一原発の事故の影響は, 汚染源が我が国に存在しているため, その汚染源に近いほど水産物の汚染程度は大きくなっています（根本ら, 2012, Wada *et al.*, 2013）. このことが, 例えば福島県と宮城県といった近隣県で同一魚種内の放射性セシウム（Cs）濃度に差をもたらす要因となっています. 近隣県どころか, 上記したよう

に高濃度の放射性セシウム（Cs）を含んだ汚染水が福島第一原発の南側沿岸を流れるなど不均一な分布をしたため，福島県海域内の狭い範囲の同一魚種でさえも，その放射性セシウム（Cs）濃度に大きな差を生じさせています．例えば，2013年11月17日に福島県いわき市四倉沿岸（仁井田川河口沖合約400m，福島第一原発から直線距離で約37km南）で採取されたクロダイ1個体の筋肉部から，12,400 Bq/kg-wet の放射性セシウム（Cs）が検出されました．しかし，全く同一日に同じ場所で採取されたクロダイ6個体の濃度は，33.2〜57.7 Bq/kg-wet の範囲に収まっています．こうした同一魚種内での濃度の変動は，福島第一原発事故以前に食物網内で僅かに見られていた放射性セシウム（Cs）濃度の差を完全に覆い隠しています．つまり，汚染水が拡散・希釈する前の高濃度状態にあった時に，どこに分布していたのかがその魚（個体）の汚染度を決定しているということです．今後時間の経過とともに，この不均一な汚染が均一化されていき，栄養段階の高さに応じた濃度の差が見えてくると思われますが，その時期はまだまだ先のことと思われます．

　底魚以外の水産物は2011年度後期にはその放射性セシウム（Cs）濃度は急速に減少し，2012年度には基準値を超過する割合は全て1.0％を下回っています（表4・2）．上記した過程により放射性セシウム（Cs）は海水中から急速に除去されたため，表層生態系に属する水産物中の放射性セシウム（Cs）濃度も速やかに減少しました．例えば，図4・6に示すように，福島県のシラス（カタクチイワシの稚魚）からは2011年5月13日には，850 Bq/kg-wet の放射性セシウム（^{134}Cs＋^{137}Cs）が検出されていましたが，2011年9月14日には検出下

表4・2　福島県産水産物中の放射性セシウム[*1]の基準値（100Bq/kg-wet）超過率

分類群		2011年度	2012年度	2013年度
浮魚	4〜9月期	37.5％	0.63％	0.00％
	10〜3月期	0.76％	0.34％	0.00％
底魚[*2]	4〜9月期	47.6％	23.8％	4.53％
	10〜3月期	37.4％	11.6％	2.35％
海藻	4〜9月期	79.2％	0.00％	0.00％
	10〜3月期	4.00％	0.00％	0.00％
無脊椎動物	4〜9月期	32.1％	0.78％	0.00％
	10〜3月期	8.20％	0.00％	0.00％

[*1] 放射性セシウムは ^{134}Cs と ^{137}Cs の合算値．　[*2] スズキは，底魚類に含めている．
データは，水産庁（2014）より引用

限値以下となっています（根本ら,2012, Wada *et al*.,2013）（図4・6）．表層を
漂うコウナゴ（イカナゴの稚魚）やシラスは，福島第一原発から大気に放出さ
れた放射性セシウム（Cs）の海洋表層への降下の影響も受けていると思われま
すが，現在のところ大気からの降下物と直接漏洩の汚染水からの影響を明確に
区別した研究報告はありません．さらに，食物網において高位の栄養段階に位
置することから将来高濃度に汚染されると指摘されていたマグロ類においても，
これまで検出された最高濃度［セシウム134（^{134}Cs）＋セシウム137（^{137}Cs）］は，
2011年10月5日（公表日）の福島県沖クロマグロ筋肉の41 Bq/kg-wet です（水
産庁, 2014）．これは高濃度の放射性セシウム（Cs）がこうした高位の栄養段階
に位置する生物に移行する前に，高濃度汚染水が拡散・希釈したこと，表層生
態系の元素サイクルの中から大部分の放射性セシウム（Cs）が上記した沈降粒
子とともに離脱したためです．今後，新たに大量の放射性物質が大気中に放出
されたり高濃度汚染水が海洋に導入されない限り，浮魚類の汚染が深刻化する
ことはないと思われます．

　海藻や無脊椎動物（軟体類，甲殻類）も2011年度後期から基準値を超過する
割合で急速に減っています（表4・2）．海藻は陸上植物のように海底土から栄養
素を吸いあげているわけではありません．海中に吊るすように養殖されている
ことから，栄養素を海水から吸収していることがわかると思います．このため，
海水中の放射性セシウム（Cs）濃度が下がれば，海藻中の放射性セシウム（Cs）

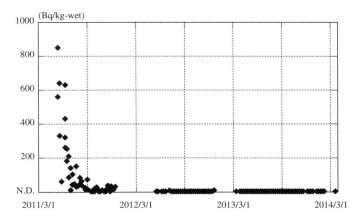

図4・6　福島県産シラス中の放射性セシウム（^{134}Cs ＋ ^{137}Cs）濃度の時系列変化．データは，水産庁（2014）
　　　　から引用．N.D. は，検出下限値以下を示す．

濃度も下がっていきます．また，無脊椎動物もその生理機構上放射性セシウム（Cs）濃度が抜けやすいと考えられており（森田，2013），海水中の放射性セシウム（Cs）濃度が下がったことによって，図4・7に示したウバガイ（ホッキガイ）のように既に濃度は下がっています．

　底魚類では確かに未だに高い放射性セシウム（Cs）が検出される種がいますが，基準値を超過する割合は既に2.35％しかありません（表4・2）．

　また，上記したように沖合域では海域の汚染度が低いことから，沖合域に生息する底魚の汚染程度は低いこともわかっています（図4・5）．イシガレイは比較的浅い海域に生息しますが，ミギガレイは水深が深いところに生息することが知られています．この生息水深域の環境汚染度を反映して，その放射性セシウム（Cs）濃度に大きな差が見られます（図4・8）．ミギガレイは事故以降濃度の低い水準が継続しており，現在ではほとんどの検体が検出下限値以下になっています．一生をほぼ同じ水深帯に生息する魚種が多いのですが，季節（海水温）に応じて深浅移動する魚種も多く知られており，その多くが低水温期に浅海に移動する種類です．アカガレイも産卵のために春期に浅海域に移動・分布します．2011年4月当時，拡散・希釈される前の高濃度汚染水が福島県沿岸部に存在しており，この時期は表層からの高濃度汚染沈降粒子も多く存在していたと考えられます．ともに沖合性のカレイ類であるアカガレイとミギガレイを比較すると，アカガレイのほうが比較的高い濃度の放射性セシウム（Cs）が検出されていま

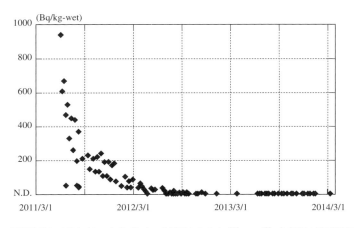

図4・7　福島県産ウバガイ（ホッキガイ）中の放射性セシウム（^{134}Cs + ^{137}Cs）濃度の時系列変化．データは，水産庁（2014）から引用．N.D. は，検出下限値以下を示す．

す（図 4・8）. 早乙女らは 2011 年 2 月の水温分布図から, 2011 年 4 月当時の
アカガレイは産卵のため浅海域に移動・分布しており, この時に汚染されたと
推測しています（早乙女ら, 2014）. こうした深浅移動する魚種の各個体全てが
同じように深浅移動するわけではないため, 汚染された個体が深場に戻った後,
汚染されなかった個体と混じりあうと考えられます. このことも同一魚種にお
いても放射性セシウム（Cs）濃度に大きな変動が見られる原因であるといえます.
では, 汚染度が高い浅海に毎年近づくごとに汚染されるかといえばそうではあ
りません. 成松らは, 一部の 1 歳以上のマダラは低水温期に浅海域に分布する
こと, 2011 年級[注5]のマダラからはほとんど放射性セシウム（Cs）が検出され
ていないことから, 汚染されているマダラは 2011 年の春に浅海移動したもので
あり, 2011 年級のマダラは浅海移動しても汚染されていないと考察しています（水
研センター, 2014）.

　福島県海域を中心に海底には放射性セシウム（Cs）を含む海底土が大量に堆
積しています. このため一般的には, ベントスと呼ばれるゴカイのような底生
生物を通じてヒラメやカレイのような底魚類の汚染が進行していると思われて
いますが, そうではありません. これまでの調査結果から, 海底土中の放射性

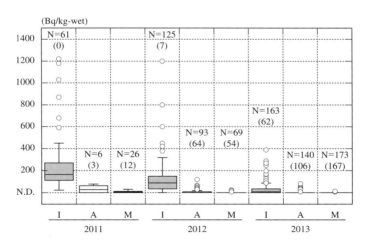

図 4・8　福島県産イシガレイ（I）, アカガレイ（A）, ミギガレイ（M）中の放射性セシウム（[134]Cs +
　　　[137]Cs）濃度の比較. データは, 水産庁（2014）から引用. N.D. は, 検出下限値以下を示す.
　　　N は, 検体数. 括弧内の数字は, N.D. の検体数.

───────────────

[注5] 年級：ある年に生まれた魚の群れ

セシウム（Cs）は底魚類の汚染を進行させているのではなく，汚染の低減を遅らせているのだと考えられています．汚染の低減が遅い底魚の代表者として岩礁性の魚であるシロメバルが挙げられます．しかし，この種においても濃度は着実に減少しています（図4・9）．また，この図4・9から，福島第一原発の南北の海域でシロメバル中の放射性セシウム（Cs）濃度に大きな差があることがわかります．特に2011年においては，その差が極端に大きかったのですが，年々その汚染は軽減されてきており，次第に南側海域でも北側海域と同程度に近づいていることがわかります．また，南部海域と比較すると元々汚染度が低かった北側海域でも汚染が徐々に低減していることがわかります．

　では，海底土が汚染されているのに，なぜ底魚類の汚染が低減しているのでしょうか？　陸域では放射性セシウム（Cs）は粘土鉱物に非常に強く吸着することが知られており，水や酸を加えてもほとんど溶け出さないことがよく知られています（田中ら，2013）．海水から海底土への放射性セシウム（Cs）の移行係数が2,000〜4,000（海底土中濃度／海水中濃度）もあることから（IAEA，2004），海底においても陸上と同様に放射性セシウム（Cs）は強く海底土中の粘土鉱物に吸着すると考えられています（森田，2013）．また，海底土から底生生物への放射性セシウム（Cs）の移行率（生物中濃度／海底土中濃度）は非常

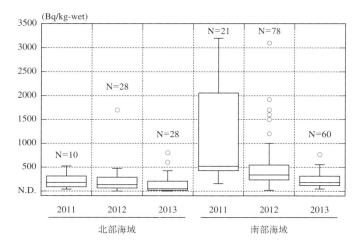

図4・9　福島第一原発北側および南側海域の福島県産シロメバル中の放射性セシウム（^{134}Cs ＋ ^{137}Cs）濃度の比較．データは，水産庁（2014）から引用．N.D. は，検出下限値以下を示す．N は，検体数．括弧内の数字は，N.D. の検体数．

表 4・3　海底土から海産生物へのセシウム 137 (^{137}Cs) の移行率

種　　名	移行率（%）
紅藻（Cyrtymenia sp.）	6.9
二枚貝（Gomphina melanaegis）	4.5
深海性ナマコ（Scotoplanes globosa）	4.0

データは，森田（2011）から引用.

に小さく，0.040 〜 0.069 程度しかないことも以前から知られています（表 4・3）.
このように書くと，逆になぜ底魚類の汚染がもっと早く低減しないのかと思わ
れるかもしれません．これまでの研究から，海底直上の懸濁物中放射性セシウ
ム（Cs）濃度とババガレイ筋肉中の放射性セシウム（Cs）濃度に相関が見られ
ること（水研センター，2012），茨城県沖の海底土中の放射性セシウム（Cs）の
20％は難分解性画分（粘土鉱物などに吸着している）に含まれないこと（Otosaka
and Kobayashi, 2013）がわかっています．すなわち，底魚類から高い濃度の
放射性セシウム（Cs）が検出される海域では，放射性セシウム（Cs）が粘度鉱
物などに十分吸着した状態になっていないことが推測されます．しかし，底魚
類の汚染が着実に低減しているという事実から，海底土中の放射性セシウム（Cs）
は徐々に粘土鉱物などに吸着し底魚類に取り込まれる放射性セシウム（Cs）量
が減っていくと考えられています．もちろん，汚染した海底土が海流により沖
合に流されたり，新たな堆積物が汚染海底土の上に覆い被さることによる低減
効果もあると思われます．底魚類の餌であるベントス中の放射性セシウム（Cs）
濃度も調査されていますが，その採取地点の海底土中の放射性セシウム（Cs）
濃度と明瞭な相関関係はなく，ベントス中の放射性セシウム（Cs）濃度は，そ
の体表面または消化管内に取り込まれた海底土中の放射性セシウム（Cs）の影
響を強く受けていると報告されています（水研センター，2014）．さらに，この
消化管内中の海底土のほとんどが排出されていることもわかってきています．こ
うした結果から，海底土から直接もしくは餌生物であるベントスを通じて底魚
類に移行する放射性セシウム（Cs）量は，海底土中の放射性セシウム（Cs）の数％
程度しかないと思われます．ところで，海底土中の放射性セシウム（Cs）は徐々
に粘土鉱物などに吸着していると書きましたが，その吸着機構は明らかではあ
りません．海水には多量の安定セシウム（Cs）が含まれており，例えばセシウ
ム 137 (^{137}Cs) の濃度が 1 Bq/L の海水には，セシウム 137 (^{137}Cs) は 3.0 ×

10^{-13} g/L 含まれることになりますが，安定セシウム（Cs）のセシウム 133（^{133}Cs）は外洋海水中に平均 3.0×10^{-7} g/L も含まれていいます．これらの安定セシウム（Cs）と競合しながら，どのように海の中で放射性セシウム（Cs）が粘土鉱物に吸着していくのかは，今後解明すべき課題です.

2012 年 1 月，東京湾の海底土からも高い濃度の放射性セシウム（Cs）が検出されることがテレビ番組で紹介されたことから，東京湾の水産物中の汚染が懸念されていましたが，現在まで東京湾の水産物中から高い濃度の放射性セシウム（Cs）が検出されたことはありません（水産庁, 2014）．これは，東京湾の海底土中の放射性セシウム（Cs）の大部分は，陸上に降下したものが河川などを経由して海に流入したものであることから，その過程において既に粘土鉱物などに吸着しているためであると考えられます.

2）今後について

2013 年度以降，基準値を超過した魚種は，アイナメ，イシガレイ，ウスメバル，エゾイソアイナメ，カサゴ，キツネメバル，クロソイ，クロダイ，コモンカスベ，シロメバル，スズキ，ヌマガレイ，ババガレイ，ヒラメ，ホウボウ，ホシザメ，マコガレイ，マゴチ，マダラ，ムシガレイ，ムラソイ，ユメカサゴの計 22 種です（水産庁, 2014）．海域は，茨城県，福島県，宮城県の 3 海域のみであり，このうち茨城県海域はコモンカスベ，スズキ，マダラの 3 魚種，宮城県海域ではクロダイ，ヒラメの 2 魚種のみです．福島県においても，これまで安定的に放射性セシウム（Cs）濃度が低いことが確認されている魚種を中心に試験操業が行われています．福島県の海域でも，放射性 Cs の濃度が着実の減少してきていることを述べてきました（表4・2）．また，これに加えて，ヒラメやマダラなどで事故後に生まれた個体は汚染度が低いこともわかってきています（水研センター, 2014）．魚類の中には長生きをするものもいますが，大抵の魚種はそれほど長寿命ではありません．今後，次第に事故後に生まれた世代が増えて行くことにより，汚染度の低減がより一層進んで行くと考えられます．また，福島県では福島第一原発事故以降，試験操業を除き全ての沿岸漁業・底びき網漁業の自粛が行われています．このため，水産資源が増加しているとの報告もあります．放射能汚染による風評被害を克服するだけでなく，増加した水産資源を適切に管理しつつ水産業を復興させるといった困難な課題の解決が，水産業界に期待されています.

参考文献

International Atomic Energy Agency（2004）: Sediments Distribution Coefficients and Concentration Factors for Biota in Marine Environment, IAEA Technical Reports Series No.422, 95pp.

伊藤貴之・西宗敦史（2013）: 魚類における放射性セシウムの局在性について，福島水試研報第 16 号，115-117.

梅津武司（1998）: スクイッド・ウォッチ，沿岸の環境圏（平野敏行監修），KK フジ・テクノシステム，911-920.

Otosaka S., and T. Kobayashi（2013）: Sedimentation and remobilization of radiocesium in the coastal area of Ibaraki, 70 km south of the Fukushima Dai-ichi Nuclear Power Plant, *Environmental Monitoring and Assessment,* 185, 5419-5433.

笠松不二男（1999）: 海産生物と放射能 − 特に海産魚中 137Cs 濃度に影響を与える要因について −, *Radioisotopes*, 48, 266-282.

早乙女忠弘・山田　学・水野拓治（2014）: 沖合性底魚類における深浅移動の海況の関係 - アカガレイ - の事例　平成 25 年度東北ブロック水産海洋連絡会報，44, 52-54.

水産総合研究センター（2012）: 放射性物質影響解明調査事業報告書，http://www.fra.affrc.go.jp/eq/Nuclear_accident_effects/final_report.pdf,（2014 年 4 月時点）.

水産総合研究センター（2014）: 平成 25 年度放射性物質影響解明調査事業報告，http://www.fra.affrc.go.jp/eq/Nuclear_accident_effects/final_report25.pdf,（2014 年 4 月時点）.

水産庁（1975）: 放射性個体廃棄物の海洋処分に伴う海産生物などに関する調査報告書（昭和 47 〜 49 年度），105pp.

水産庁（2014）: 水産物の放射性物質調査の結果について，http://www.jfa.maff.go.jp/j/housyanou/kekka.html,（2014 年 4 月時点）.

鈴木　譲（1994）: 海洋における放射性物質の生物濃縮，保険物理，29, 134-137.

田中万也・坂口　綾・岩谷北斗・高橋嘉夫（2013）: 福島第一原子力発電所事故由来の放射性セシウムの環境中での移行挙動とミクロスケールでの不均質性，放射化学，27, 12-19.

Folsom R.,Young R.（1965）: Silver-110m and cobalt-60 in oceanic and coastal organisms, *Nature*, 206, 803-806.

福島県水産試験場（2014）: 魚介類の放射線モニタリング検査結果，https://www.pref.fukushima.lg.jp/sec/37380a/gyokai-monitoring.html,（2014 年 4 月時点）.

Madigan D.J., Baumann Z., Fisher N.S.（2012）: Pacific bluefin tuna transport Fukushima-derived radionuclides from Japan to California, *Proc. Natl. Acad. Sci. USA*, 24, 9483-9486.

南迫洋子・梅津武司（1983）: 東海村沿岸域の海産生物中のルテニウム 106 濃度，東海区水産研究所研究報告，109, 1-25.

三宅康雄（1969）: 核兵器と放射能，新日本出版社，206pp.

三宅康雄（1972）: 死の灰と闘う科学者，岩波書店，198pp.

Morita T., Fujimoto K., Minamisako Y., Yoshida K.（2007）: Detection of high concentrations of ^{137}Cs in Walleye pollock collected in the Sea of Japan, *Mar. Pollut. Bull.*, 54, 1293-1300.

Morita T., Niwa K., Fujimoto K., Kasai H., Yamada H.（他 14 名）（2010a）: Detection and activity of iodine-131 in brown algae collected in the Japanese coastal areas, *Sci. Total Environ.*, 408, 3443-3447.

Morita T, Fujimoto K, Kasai H, Yamada H, Nishiuchi K.（2010b）: Temporal variations of ^{90}Sr and ^{137}Cs concentrations and the ^{137}Cs/^{90}Sr activity ratio in marine brown algae, Undaria pinnatifida and Laminaria longissima, collected in coastal areas of Japan, *J. Environ. Monit.*, 12, 1179-86.

Morita, T., Ohtsuka, Y., Fujimoto K., Minamisako, Y., Iida, R.（他 2 名）（2010c）: Concentrations of ^{137}Cs, ^{90}Sr, ^{108m}Ag, $^{239+240}$Pu and atom ratio of

[240]Pu/[239]Pu in tanner crabs, Chionoecetes japonicus and Chionoecetes opilio collected around Japan, *Mar. Pollut. Bull.*, 60, 2311-2322.

Morita, T., Otosaka, S., Fujimoto K., Nishiutch, K., Kimoto K.（他 4 名）（2010d）: Detection and temporal variation of ^{60}Co in the digestive glands of the common octopus, Octopus vulgaris, in the East China Sea, *Mar. Pollut. Bull.*, 60, 1193-1199.

森田貴己（2011）:水産物と放射能汚染,ていち, 120, 34-45.

森田貴己（2013）: 海洋生物の放射能汚染と将来影響, 水環境学会誌, 36, 99-103.

根本芳春・島村信也・五十嵐敏（2012）:福島県における水産生物などへの放射性物質の影響. 日本水産学会誌, 78, 514-519.

渡部終五・松岡洋子・中谷操子・潮　秀樹・根本芳春・佐藤美智男・田野井慶太朗・中西友子（2013）:すり身製造における水晒し工程を利用した魚肉中の放射性セシウムの低減法, *Radioisotopes*, 62, 31-38.

Wada T., Nemoto Y., Shimamura S., Fujita T., Mizuno T.（他 4 名）（2013）: Effects of the nuclear disaster on marine products in Fukushima, *J. Environ. Radioact.*, 124, 246-254.

Yamamoto M., Ishiguro T., Tazaki K., Komura K., Ueno K.（1996）: Np-237 in hemp-palm leaves of bontenchiku for fishing gear used by the 5th Fukuryu-maru- 40 years after "Bravo", *Health Phys.*, 70, 744-748.

吉田勝彦（1999）:深海域への Cs-137 の生物輸送－シンカイヨロイダラ（Coryphaenoides yaquinae）をめぐって－, 海洋と生物, 122, 210-218.

5章

福島第一原発事故時の海洋拡散シミュレーション

———————————————————————————————— 津旨大輔

　東京電力福島第一原子力発電所（以下，福島第一原発）事故に由来する放射性物質による海洋汚染の実態解明において，海洋拡散シミュレーション[注1]による取り組みも行われてきました．

　2011年4月12日には，文部科学省によって，海洋研究開発機構が開発した海洋モデルJCOPETを用いた海域における放射性物質濃度のシミュレーション結果が公表されました（http://radioactivity.nsr.go.jp/ja/list/267/list-1.html）．また，2011年5月21日には，東京電力から当時の経済産業省原子力安全・保安院への提出資料として，海洋拡散シミュレーション結果が報告されています（http://www.tepco.co.jp/cc/press/betu11_j/images/110521g.pdf）．このように早い段階での事故対応として，海洋におけるシミュレーションにも一定の役割が求められていたことがわかります．海洋における拡散現象をビジュアルに説明・理解するためには，重要な資料となっていました．ただし，文部科学省からの報告にも，注意書きがありますように，必ずしも実測値を保証するものではなく，今後，実測値を確認しながら検証を行う必要があるという位置づけとされていました．

　福島第一原発事故による海洋汚染に関するシミュレーションの目的は，観測データの解釈のためであると位置づけられます．そもそも海洋へどの程度の放射性物質が，どのように漏えいしたのかは観測されていません．海洋における観測データを状況証拠としてとらえ，漏えいシナリオを推定するしかありません．その際，シミュレーションは有効なツールとなります．また，シミュレーションによって将来予測も可能となります．しかし，将来予測結果は，設定条件に大きく依存します．現在においても，福島第一原発の汚染水問題は解決されて

[注1]　シミュレーションとは：この場合は，複雑な現象を比較的簡単な数式モデルであらわして，コンピューターの計算速度の速さを生かして，様々な条件を与えて因果関係を明らかにし，仕組みを理解したり，予測をしたりする技術．与えた数式モデルの妥当性が問題になり，同一現象について，様々なモデルが提案されることがあり，実際の観測データとシミレーションによる計算結果の整合性が問題となる．

いません．将来的な漏えいリスクの設定次第で，将来予測結果は大きく変わってきます．シミュレーションによる答えを出すのは簡単ですが，観測にもとづく何らかの検証が行われている必要があります．福島第一原発事故の評価においても検証が不十分な設定条件によって，汚染状況を過大に評価してしまった例も存在します．福島第一原発事故の海洋汚染シミュレーションにおいては，まずは観測結果との比較による実態解明が必要となります．例えば，温暖化の将来予測シミュレーションは，直接的な検証が不可能なものです．したがって，IPCC（気候変動に関する政府間パネル）では複数のモデルの相互比較を行うことによって，モデル間のばらつきを考慮した上で，コンセンサスを得るための取り組みを行っております．シミュレーション結果には必ず誤差が含まれます．特に，福島第一原発事故による海洋汚染のように，十分な検証データが存在しない場合は，単一のシミュレーションではなく，複数のモデル相互比較も重要となります．

　ここでは，福島第一原発事故に対する海洋拡散シミュレーションの主な結果を取りまとめ，今後の取り組みの可能性についても述べます．海洋の場合は，長期的な影響が問題となりますので，ここではセシウム 137（^{137}Cs）を対象としたシミュレーション結果を取り上げます．また，漁業に対する影響評価が目的となりますので，主に沿岸域のモデルを取り上げます．

5・1　福島沖におけるモデル化

1）流動特性

　モデル化を行うためには，再現の対象とする現象を整理する必要があります．まずここでは，対象とする福島沿岸域を，南は房総半島，北は金華山沖とし，沖合方向には約 100km とします．これは，福島第一原発事故の解析において，多くの沿岸モデルが対象としている海域です（**Masumoto** *et al.*, 2012; 日本学術会議，2014）．

　この海域は，親潮－黒潮混合海域と呼ばれ，中規模渦[注2] の存在などもあり，複雑な海域となっています．また，南の境界においては，黒潮が存在しています．

[注2] 中規模渦：気象でいう高気圧・低気圧に相当するもので，黒潮や親潮のように定常的に流れる流れではなくて，流れの揺れ動きや水塊の力関係によって生ずる．直径数十キロメートルから数百キロメートルの海水の渦．

黒潮は大規模な循環に支配されており，その流路も不規則に変化することが知られています．

　福島第一原発の沖合においては，東西方向の流速成分は小さく，沿岸に沿った南北成分の流動が卓越します．潮汐による潮流の影響は小さく，それよりも長い，3〜4日周期の変動が観測されています．これらは，主に風によって駆動された結果としての，陸棚波[注3]に由来する現象であるとされています（中村，1990）．

2）流動のモデル化

　福島沖の沿岸スケールの流動現象をモデル化する際，大規模な循環場としての中規模渦や黒潮流路の再現に加え，沿岸近傍域の陸棚波現象も再現する必要があります．沿岸流動モデルを駆動させるためには，外力が必要となります．沿岸域の場合は，潮汐や風などによって駆動させます．今回対象とした海域は従来の沿岸モデルと比較して広いので，風の駆動力，それに加え，外洋域における大規模な循環場による中規模渦や黒潮流路を再現する必要があります．なお，福島沖の場合は，潮汐の影響はあまり大きくありません．

　沿岸モデルを構築する際，公開されたモデルシステムに対して，地形やパラメータを独自に設定します．モデルシステムは，公開されているものとして，POM（Princeton Ocean Model; Meller *et al.*, 2002）や ROMS（Regional Ocean Model System; Shchepetkin and McWilliams, 2005）などがあります．これらは，ブジネスク近似[注4]されたナビエ-ストークスの運動方程式[注5]を，離散化[注6]したメッシュに対して差分法で解くモデルであり，沿岸域のモデル化に

　[注3] 陸棚波：海底勾配がみられる場合，圧力差によって生ずる自由振動．水位の上下として観測される．地球の自転によるコリオリ力を受けるために，流れとしては沿岸に沿った方向で観察される．

　[注4] ブジネスク近似：物質の密度は温度と圧力によって変化するが，液体の場合，圧力による密度の変化は無視できるほど小さいと仮定して行う近似計算．つまり，海水を非圧縮性の物質として考える．

　[注5] ナビエ-ストークスの方程式：質点の運動に関するニュートンの第二法則（運動方程式）に相当する，流体力学における流体の運動方程式．アンリ・ナビエとジョージ・ガブリエル・ストークスによって導かれた．簡単に言えば，流体が受ける力とそれによって生じる加速度の関係を表している．

　[注6] 離散化：運動方程式の各変数は空間に対して連続的に変化するが，それでは計算ができないので，ある限られた空間内では，一つの方程式によって運動を表すことができるものと仮定して，全体の空間を細かい小さな空間に区分して考えること．

使われているものです．実海洋の複雑な現象を，単純化してモデル化しているため，海域や，再現対象とする現象に応じ，解法やパラメータの選定を行う必要があります．つまり，得られた結果は，あくまでも単純化したものですので，目的に合致しているかどうかは，別途，観測結果などとの比較によって検証する必要があります．

　ここでは，モデル化の一例として，電力中央研究所のモデルの例を取り上げます（津旨ら，2011; Tsumune *et al.*, 2012, 2013）．沿岸海洋モデルシステム（ROMS）にトレーサ計算スキームを組み込んだモデル（坪野ら，2010）を福島沖合に適用しています．シミュレーション領域は，前述の海域よりも少し大きく，35°20′N ～ 39°40′N, 140°20′E ～ 147°00′E としています．水平解像度は約1km とし，鉛直解像度はσ座標（海表面から海底までを，水深に関わらず同数の層で区切る座標系）で 30 層としています．この領域では水深が 1,500m を超える地点がありますが，シミュレーション時間短縮化を図るために 500m までの水深分布を考慮しています．

　海表面における駆動力は，気象庁による短期気象予測［Japan Meteorological Agency's Global Spectral Model（JMA-GSM）］をメソスケール気象[注7] モデル［Weather Research and Forecasting（WRF）; Skamarock *et al.*, 2008］によって内挿する短期気象予測システム［Numerical Weather Forecasting and Analysis System（NuWFAS），橋本ら，2010］の結果（風速・短波・長波・気圧・気温・湿度・降水量）を用いています．

　外洋における境界条件には，リアルタイムに更新されている海洋の1日ごとの再解析データ（JCOPE2, Japan Coastal Ocean Prediction Experiment 2, Miyazawa *et al.*, 2009）の結果（水温，塩分，海面高度）をシミュレーション格子に内挿しています．さらに，外洋における中規模渦などの複雑な挙動を再現するため，ナッジング項[注8] により，シミュレーション結果を JCOPE2 による水温および塩分の再解析結果に緩和させています．先行研究の結果において潮汐の影響は小さいことが確認されているため（津旨ら, 2011; Tsumune *et al.*, 2012），ここでは考慮していません．

　図5・1に，流速ベクトル分布のシミュレーション結果を示します（Tsumune *et al.*, 2013）．JCOPE2 による大規模な循環場を再現したため，2011 年5月1

[注7] メソスケール気象：2km から 2,000km の大きさで起こる気象現象．
[注8] ナッジング項：モデルの計算結果を実際の観測データに近づけるために方程式に加える項．

日には，茨城沖の時計回りの中規模渦が見られます．その中規模渦は，6月1日には消滅しています．後述しますが，この中規模渦が放射性物質の挙動に大きな影響を与えています．6月15日と7月1日の結果もあわせてみると，黒潮の流路が変動していることもわかります．

　図5・2に福島第一原発前面の流速の時系列変化を示します（Tsumune *et al.*, 2013）．東西成分よりも南北成分が卓越していることがわかります．また，3〜4日周期で南北成分が入れ替わっています．事故直後の流速の観測結果は存在しませんので，直接的な検証は行えていませんが，過去の知見とは一致しています．

3）セシウム 137（¹³⁷Cs）の挙動のモデル化

　セシウム 137（^{137}Cs）濃度の挙動のモデル化においては，水温や塩分などのトレーサの計算と同様に移流拡散方程式[注9]を用いています．セシウム 137（^{137}Cs）は，海洋においては溶存態として存在し，水塊と同じ挙動をすると想定しています．セシウム 137（^{137}Cs）はプルトニウム同位体（^{238,239}Pu）と異なり，海洋の懸濁物質への吸着による除去過程（スキャベンジング効果）が小さいことが知られています．大気圏核実験によるフォールアウト[注10]のセシウム 137（^{137}Cs）の再現シミュレーションにおいても，水塊と同じ挙動を示すパッシブトレーサ[注11]として扱えばよいということが示されています（Tsumune *et al.*, 2011）．一方で，同じく大気圏核実験によるフォールアウトであるプルトニウム同位体（^{238,239}Pu）の再現シミュレーションにおいては，スキャベンジング効果の考慮が必要であると指摘されています（Tsumune *et al.*, 2003）．

5・2　海洋への供給経路

　福島第一原発事故による海洋への放射性物質の供給経路としては，大気からの降下，直接漏えい，低レベル放射性廃液の計画放出，河川や地下水を経由した漏えいなどが考えられます（津旨ら，2011；Tsumune *et al.*, 2012）．海洋で観測された結果は，これらの影響を複合的に受けていますので，これらを区別して検

[注9]　移流拡散方程式：物質の移動を表すために，移流方程式と拡散方程式を組み合わせた，2階線型偏微分方程式
[注10]　フォールアウト：巻き上げられた放射性物質が再び地球に落下するもの．いわゆる死の灰．
[注11]　パッシブトレーサ：受動的な痕跡物．この場合には水の流れだけに依存して移動するもの．

証する必要があります.

　主な供給経路は大気からの供給と直接漏えいと考えられています. それらの寄与を区別する方法として, ヨウ素 131 (^{131}I) / セシウム 137 (^{137}Cs) 放射能比が用いられました（津旨ら, 2011; Tsumune *et al*., 2012）. ヨウ素 131 (^{131}I) とセシウム 137 (^{137}Cs) は水中ではイオンとして溶存態で存在するため, 水塊と同じ挙動を示します. そのため水中の ^{131}I/^{137}Cs 放射能比はヨウ素 131 (^{131}I) の 8 日の半減期の崩壊のみによって変化します. 事故初期の短期間を対象としていますので, セシウム 137 (^{137}Cs) の 30 年の半減期の崩壊は無視できます. つまり, 水中において, ^{131}I/^{137}Cs 放射能比の時系列変化は, 8 日の半減期曲線[注12] と一致します. 直接漏えいのソースと考えられる 2 号機タービン建屋の溜まり水の 2011 年 3 月 26 日における ^{131}I/^{137}Cs 放射能比は 5.7 でした. ^{131}I/^{137}Cs 放射能比の時系列変化が, 2011 年 3 月 26 日に 5.7 で, 8 日の半減期曲線と一致する場合には, 直接漏えいであると考えることができます. 一方, ヨウ素 131 (^{131}I) とセシウム 137 (^{137}Cs) は非常に高温下でガスと粒子態で原子炉から大気中に放出されます. その後, 常温の大気中を輸送される過程においては, ヨウ素 131 (^{131}I) はガスと粒子態, セシウム 137 (^{137}Cs) は粒子態で存在します. 大気中の ^{131}I/^{137}Cs 放射能比は, ヨウ素 131 (^{131}I) の半減期だけでなく, 輸送過程にも影響されますので, 2011 年 3 月 26 日に 5.7 の 8 日の半減期曲線上から外れます. ただし, 複雑な挙動のため, ^{131}I/^{137}Cs 放射能比が大きくなるか小さくなるか, どちらにもばらつきます. これは, 陸地への降下の観測データとも整合的です（Kinoshita *et al*., 2011）. 図 5・3, 5・4, 5・5 に, 福島第一原発近傍, 福島第二原発近傍, 30 km 沖合における, ^{131}I/^{137}Cs 放射能比を示します. なお濃度分布は, 計算結果とともに, 後の図 5・8, 5・9, 5・10 に示しています. これらの結果をまとめますと, 以下のようになります.

　福島第一原発からの直接漏えいは, 2011 年 3 月 26 日以降に生じました. その影響は福島第二原発近傍に 2011 年 3 月 27 日以降, 30km 沖合には 2011 年 4 月 9 日以降に達しました. 直接漏えいの影響により, 福島第一原発近傍では 2011 年 4 月 7 日に 6.8×10^{7} Bq/m^{3} のセシウム 137 (^{137}Cs) 濃度が観測されましたがその後減少に転じています. また福島第二原発近傍では, 2011 年 4 月 5 日に 1.4×10^{6} Bq/m^{3} のセシウム 137 (^{137}Cs) 濃度が観測されましたがその後減少に転じています. さらに 30km 沖合では 2011 年 4 月 15 日に 1.8 ×

[注12]　半減期曲線：第 1 章のホウ砂性物質に関する説明を参照のこと.

10^5 Bq/m^3 の最大濃度値が観測されましたがその後減少に転じています．直接漏えいの影響は 2011 年 4 月中旬以降，ここで対象としたすべてのモニタリング地点で減少しています．

1）直接漏えい量の推定

　直接漏えいは，2011 年 3 月 26 日から生じたと推定できましたが，漏えい率の時間変化を推定する必要があります．シミュレーションと観測データを組み合わせた直接漏えい量の推定が行われています．これは，シミュレーションを導入した大きな成果と言えます．一例としての推定方法を示し，他の推定方法による結果との比較を行います．海洋への影響としては，セシウム 137（^{137}Cs）が大きいので，ここではセシウム 137（^{137}Cs）を対象とします．

　単位量の漏えいを設定したセシウム 137（^{137}Cs）濃度の数値シミュレーションの結果と福島第一原発近傍のモニタリング値を比較し，漏えい率の逆推定を行っています（津旨ら，2011; Tsumune *et al.*, 2012; 2013）．式で表すと以下のようになります．

$$漏えい率 \left(\frac{Bq}{day}\right) = \frac{観測結果（Bq/m^3）}{単位量を想定したシミュレーション結果\frac{(Bq/m^3)}{(Bq/day)}}$$

　この手法は大気への放出量の推定と本質的には同じです（Chino *et al.*, 2011）．大気への放出の場合は変動する風向きに対し，それぞれの風下にデータがないと推定できませんが，海洋への漏えいの場合は福島第一原発の近傍において，漏えいの影響が観測されていると考えられます．シミュレーションのメッシュサイズは約 1 km 四方ですので，図 5・6 に示すように，近傍のメッシュサイズにおけるシミュレーション結果と，5-6 放水口と南放水口のモニタリング結果の平均値が一致するような漏えい率を求めることとなります．

　福島第一原発近傍の観測結果から，大きな直接漏えいは 2011 年 3 月 26 日から 4 月 6 日にかけて生じたと推定しました．事実，4 月 6 日に水ガラスの封入により，観測結果は急減に減少しています．2011 年 3 月 26 日から 4 月 6 日の福島第一原発 近傍の観測値の平均値は，1.1×10^7 Bq/m^3 でした．漏えい率の推定を目的とし，まずは単純化のために 2011 年 3 月 26 日から 4 月 6 日にかけて単位量 1 Bq/day の一定の漏えい率を福島第一原発の前面海域のメッシュ（緯度

経度，全層に一様に）に対して与えたシミュレーションを行いました．2011年3月26日から4月6日において，漏えいを設定したメッシュの単位量を想定したシミュレーション結果の平均値［(Bq/m³)/(Bq/day)］が観測結果の平均値（Bq/m³）と一致するように，漏えい率（Bq/day）を逆推定しました．2011年4月6日以降は，濃度の減少割合と一致するように漏えい率を指数関数的に減少させました．福島第一原発近傍の観測結果とシミュレーションにより見積もった漏えい率（Bq/day）の時系列変化を図5・7に示します．つまり，福島第一原発近傍の観測結果と漏えい率は，3～4日周期の流動変化による変動はあるものの，比例関係にあると考えられます．ヨウ素131（^{131}I）とセシウム134（^{134}Cs）については，3月26日時点での放射能比（^{131}I/^{137}Cs 放射能比は5.7，^{134}Cs/^{137}Cs 放射能比は1）から推定しました．計算の誤差も考慮した1年間の積分値としてのセシウム137（^{137}Cs）とヨウ素131（^{131}I）とセシウム134（^{134}Cs）の漏えい量は，それぞれ3.6 ± 0.7，3.5 ± 0.7，11.1 ± 2.2 PBq と推定されました．ただし，時系列変化からもわかるように，これらのほとんどは最初の1カ月に生じています．この推定においては，近傍の平均濃度を再現するためのメッシュサイズ（ここでは約1 km × 1 km）が十分に小さいかどうかを，他の観測点の結果と比較検証する必要があります．この検証については，再現シミュレーション結果として後述します．

2）他の推定結果との比較

Tsumune *et al.*（2013）において，セシウム137（^{137}Cs）の漏えい量に関して，他の推定結果との比較が取りまとめられています（表5・1）．シミュレーションによる検証が行われている推定結果（Kawamura *et al.*, 2011；東京電力, 2012；Miyazawa *et al.*, 2013；Tsumune *et al*, 2012；2013, Estournal *et al.*, 2012）は，3-6 PBq の範囲に絞られてきているとしています．

最初に報告された漏えい量は東京電力によるもので，2011年4月1日昼から6日昼にかけて発生した高濃度汚染水の流出により，0.94 PBq のセシウム137（^{137}Cs）が海洋へ直接漏えいしたと見積もられています（日本国政府, 2011）．推定された期間は過小評価となっていますが，その期間の漏えい率は0.19 PBq/day であり，電力中央研究所の推定結果0.2 PBq/day とよい一致を示します．評価期間に問題があるものの，異なるデータを用いた評価結果が一致するということは双方の妥当性を示すものと考えられます．

表5・1　海洋への直接漏えい量の推定結果（Tsumune *et al.*, 2013）

機関	期間	^{137}Cs の漏えい量 (PBq=10^{15} Bq)	方法	参考文献
東京電力	4/1-4/6	0.94 (2.8 for ^{131}I, 0.94 for ^{134}Cs)	目視による観測結果	Japanese Government (2011)
東京電力	3/26-9/30	3.6 (11 for ^{131}I, 3.5 for ^{134}Cs)	数値計算と観測結果の比較（電力中央研究所の方法）	東京電力事故調査報告書（2012）
日本原子力研究開発機構	3/21-4/30	3.6 (11 for ^{131}I)	東京電力の観測結果を元に推定	Kawamura *et al.* (2011)
海洋研究開発機構	3/21-5/6	5.5-5.9	数値計算と観測結果の比較（逆推定法）	Miyazawa *et al.* (2013)
電力中央研究所	3/26-5/31	3.5 ± 0.7	数値計算と観測結果の比較	Tsumune et al. (2012)
電力中央研究所	2011/3/26-2012/2/29	3.55 (11.1 for ^{131}I, 3.52 for ^{134}Cs)	数値計算と観測結果の比較	Tsumune *et al.* (2013)
IRSN	3/25-7/18	27	観測結果 (4/11-6/30) による総量を元に推定	Bailly du Bois *et al.* (2012)
Sirocco	3/20-6/30	5.1-5.5	数値計算と観測結果の比較（逆推定法）	Estournel *et al.* (2012)
Rypina *et al.*, 2013	3/21-6/30	16.2 ± 1.6	数値計算と観測結果の (6/4-18) の比較	Rypina *et al.*, 2013

　IRSN（Bailly du Bois *et al.*, 2012）と Rypina *et al.*（2013）は，それぞれ 27 PBq と 16.2 PBq と大きめの推定値を報告しています．彼らが用いた観測結果は，それぞれ 2011 年 4 月 11 日〜6 月 30 日と 2011 年 6 月 4 日〜18 日の期間のものであり，大きな漏えいが生じた 2011 年 3 月 26 日〜4 月 6 日の期間のデータを用いていないことが過大評価の原因となったと考えられます．

3）大気からの降下

　海洋中のセシウム 137（^{137}Cs）濃度評価において，大気からの降下も考慮する必要があります．大気へ放出されたセシウム 137（^{137}Cs）の約 8 割近くが海洋へ降下したという報告もあります（Morino *et al.*, 2013）．ただし，^{131}I/^{137}Cs 放射能比の解析からわかるように，福島沖合海域へのインパクトとしては，直

接漏えいのほうが大きいと考えられています.

　領域大気モデルによる降下量の再現計算結果はいくつか行われていますが,データのある陸域への降下量の推定が主な対象となっており（Morino *et al.*, 2011, 2013；日本学術会議, 2014）, 海洋への降下量の推定の妥当性については,まだ詳細に議論できていません. 大気への放出量と海洋への降下プロセスをより正確に推定する必要があります. 降下には降雨の影響が大きいのですが, 海洋への降雨量については,観測データもなく,推定における不確実性が大きくなっています.

　後述しますが, 海洋への降下量については, 大気への放出量の推定において,海側に風が吹いた時の不確実性が大きいために, 過小評価になっているという指摘があります（Tsumune *et al.*, 2013）.

5・3　福島沖の再現シミュレーション結果

　直接漏えいと大気からの降下に加え, 領域外へ降下分の境界からの流入を考慮した1年間のセシウム137（^{137}Cs）再現シミュレーション結果（Tsumune *et al.*, 2013）をとりあげ, 福島沖での放射性物質の挙動特性についてとりまとめます.

1）時系列変化
（i）福島第一原発近傍

　福島第一原発近傍のセシウム137（^{137}Cs）濃度の観測結果（5-6放水口と南放水口）とシミュレーション結果（漏えいを設定したメッシュ）の比較を図5・8に示します. シミュレーション結果は観測結果の特徴をよく再現しています. 観測結果において, 2011年3月30日と4月7日に2つの濃度ピークが見られています. この2つのピークは漏えい率を一定にしたシミュレーションにおいても再現されています. これは現実的な風応力を用いたことによって, 沿岸流動の変動がよく再現されたためと考えられます. つまり, 漏えい率が一定の場合においても, 漏えいを設定したメッシュにおける流動が速い場合は濃度が低くなり, 流動が遅い場合は濃度が高くなるという結果を反映していることとなります. 東京電力の報告によれば, 4月6日に水ガラスの封入によって, 目視された汚染水の漏えいを止めたとされています（日本国政府, 2011）. その後の4月7日の濃度の上昇は, 漏えい量が上昇した影響によるものではなく, 沿岸流の弱

化の影響によるものであると考えられます．また，その後の指数関数的な濃度
減少は，港湾の交換率（0.44/day）を反映した結果と推定されています（Kanda,
2013）．港湾が存在しなければ，濃度の減少率はもっと急激になったと考えられ
ます．2011 年 4 月下旬で，濃度の減少率はさらに低くなります．これは，4 月
6 日までの漏えいとは別経路の漏えいがあったことを示唆しています．この漏え
いフラックスは指数関数的な減少を示しながら 1 年間以上継続しています．
2011 年 3 月 26 日以降のシミュレーション結果の再現性が高いことは，直接漏
えい量の推定の妥当性を示唆しています．一方，3 月 26 日以前は，^{131}I/^{137}Cs 放
射能比の解析から，大気からの降下の影響と推定されていますが（津旨ら，
2011; Tsumune *et al*., 2012），2 桁程度過小評価となっています．大気からの
降下量の推定には大気輸送モデルを用いていますが（速水ら，2012），用いた大
気への放出シナリオ（Terada *et al*., 2012）において，海側の観測データが存
在しないため，大気から海洋への降下量の推定には不確実性が大きいためと考
えられます（茅野，2012）．北太平洋の観測データを用いた推定によると海側へ
の放出は 2 倍程度過小評価となっている可能性もあり（青山，2012），より正確
な海洋への降下量の推定は今後の課題となります．

（ii）福島第二原発近傍

　福島第二原発の北放水口（福島第一原発から 10km 南）と岩沢海岸（福島第
一原発から 16km 南）におけるセシウム 137（^{137}Cs）の表層濃度の観測結果と
シミュレーション結果の比較を図 5・9 に示します．漏えい開始から約 1 日後の
2011 年 3 月 27 日から 1.0×10^6 Bq/m^3 まで上昇し，その後 1.0×10^5 Bq/m^3
以下に低下，さらに 2011 年 4 月 5 日に 1.0×10^6 Bq/m^3 まで上昇する現象が
よく再現されています．セシウム 137（^{137}Cs）濃度の高い水塊が 2011 年 3 月
下旬に南下流に沿って運ばれ濃度が上昇しました．その後，南下流成分が減少
したため，濃度が低下しました．その後，2011 年 4 月 3 日ぐらいから再び南下
流が強化され，セシウム 137（^{137}Cs）濃度が高い水塊が 2011 年 4 月 5 日に観
測地点に達したと考えられます．3 〜 4 日周期の流動の南北成分の変動の影響を
受けていることが示唆されます．その後，漏えい量の減少にともない，福島第
二原発前のモニタリング地点においても，濃度は減少しています．特に高い濃
度が観測された 4 月中旬以前において，シミュレーション結果の再現性が高い
ことは，直接漏えい量の推定の妥当性を示唆しています．3 月 27 日以前は，
^{131}I/^{137}Cs 放射能比の解析から，大気からの降下の影響としていますが（津旨ら，

2011; Tsumune *et al.*, 2012)，福島第一原発近傍と同様に過小評価となっています．また，2011 年 4 月中旬以降も，概ね 1 オーダー程度下回っていますが，これも大気からの降下量の過小評価の影響と考えられます．

(iii) 30 km 沖合

30km 沖のセシウム 137（^{137}Cs）濃度のモニタリング結果とシミュレーション結果の比較を図 5-10 に示します．30km 沖合の 8 つのモニタリング地点に対するシミュレーション結果の比較を行っています．全体的な傾向として 4 月中旬にむけて濃度は上昇し，その後減少する傾向をよく再現することができています．4 月 9 日以前は，^{131}I/^{137}Cs 放射能比の解析から，大気からの降下の影響と推定されていますが（津旨ら, 2011; Tsumune *et al.*, 2012），福島第一原発近傍および福島第二原発近傍と同様に過小評価となっています．これも大気からの降下量の過小評価の影響と考えられます．大気から海洋への降下の再現性の向上は今後の検討課題ですが，直接漏えいの影響についてはよく再現できていると考えられます．

2）空間分布
（i）空間分布の変化

シミュレーション結果の空間分布について示します．親潮－黒潮混合域における放射性物質の挙動に関し，シミュレーションによるコンター図または動画などは，現象を理解するために有効なものとなります．濃度が比較的高い時期である 4 月 1 日のセシウム 137（^{137}Cs）の表層水平分布を図 5・11 に示します．3 月 26 日からはじまった直接漏えいの影響で 1.0×10^5 Bq/m^3 を超える濃度が見られます．4 月中旬に 30km 沖合においても 1.0×10^5 Bq/m^3 を超える濃度が観測されたことと整合的です．5 月 1 日には南下成分は沿岸に沿い，北上成分は北東方向に拡がっています．この時期には，表層水温分布の衛星データでも観測されているように，茨城沖に時計回りの中規模渦（暖水塊）が存在しています（図 5・11, 右下）．この中規模渦の働きによって，茨城沖のセシウム 137（^{137}Cs）濃度は低く保たれました．5 月末にはこの中規模渦が消滅し，高濃度の水塊が茨城沖を南下しました．銚子近傍の波崎におけるセシウム 137（^{137}Cs）濃度の観測データは 5 月末までは低い水準で推移しますが，6 月になると上昇します（Aoyama *et al.*, 2012）．これは，中規模渦の存在が，特に茨城沖のセシウム 137（^{137}Cs）の分布に大きな影響を与えたことを示しており，シミュレーショ

ンはその影響を定性的に再現していることを示します．2012年2月末には，全体的に事故前の大気圏フォールアウトによるバックグラウンド濃度[注13]（1 Bq/m³；Aoyama and Hirose, 2003）に近い水準まで低下していることがわかります．

（ii）観測結果との比較

　空間分布において，観測結果との比較を試みます．図5·12にKOK航海（2011年6月4〜18日；Buesseler *et al.*, 2012）による観測結果とシミュレーション結果の比較を示します．左は直接漏えい，大気からの降下，境界からの流入を考慮したケースで，右は直接漏えいのみを考慮したケースとなります．シミュレーションは茨城沖に存在する高濃度水塊をよく再現できています．しかし，黒潮流路や中規模渦などの影響において，濃度勾配が大きくなっているため，観測点とシミュレーションの結果との1対1との比較においては必ずしも再現性は高いものにはなりません．外洋を対象にした濃度分布において，複雑な海況が影響する場合には，1対1の比較ではなく，全体的な特徴を再現できているかどうかを判断すべきだと考えられます．そういう意味において，ここでの比較においては，再現性が高いと言ってもよいと考えます．左図は直接漏えいのみを考慮したシミュレーション結果です．これらのシミュレーション結果の相互比較は，観測結果が直接漏えい，大気からの降下のどちらの影響に支配されているかの推定の指標となります．東経147度線に沿った観測ラインは大気からの影響と考えられますが，右図から過小評価となっていることがわかります．大気からの降下量が過小評価となっていることは時系列変化の比較とも整合的です．

　Inomata *et al.*（2014）は，航空機モニタリングによって海洋表層の放射性物質［セシウム137（¹³⁷Cs），セシウム134（¹³⁴Cs），ヨウ素131（¹³¹I）］濃度分布が把握可能であることを示しました．航空機モニタリングによる2011年4月18日時点の詳細なセシウム137（¹³⁷Cs）濃度分布と，一例としてTsumune *et al.*（2013）による再現シミュレーション結果との比較が行われ，分布の特徴を再現していることが示されました．航空機モニタリングによる詳細な濃度分布データは，今後のシミュレーション精度向上のための有効なデータとなり得ると考えられます．

[注13] バックグラウンド濃度：この場合は福島の原発事故の影響がない時の濃度

5・4　モデル相互比較

Masumoto *et al.*（2012）では，セシウム137（^{137}Cs）の海水中濃度シミュレーションにおいて，国内外の5つの沿岸モデルの相互比較を実施しています．主に直接漏えいによる寄与を中心にまとめられており，沿岸に沿った拡散など特徴的な現象は共通するものの，中規模渦の再現の有無などモデル間のばらつきには注視する必要があるとまとめられています．

　また，日本学術会議総合工学委員会事故対応委員会原発事故による環境汚染調査に関する検討小委員会の下の環境モデリングワーキンググループ（代表：中島映至）によって，「福島第一原子力発電所事故によって環境中に放出された放射性物質の輸送沈着過程に関するモデル計算結果の比較」の報告が公開されました（日本学術会議，2014）．ここでは，セシウム137（^{137}Cs）の海水中濃度シミュレーションに対し，国内外の10グループから11の沿岸モデルが参加しています．海洋観測で得られたセシウム137（^{137}Cs）濃度の測定値を再現するためには，海洋への直接放出と大気からの沈着の両方が必要であると指摘されています．2011年4月以前では，海洋モデルを駆動するための大気モデルによるセシウム137（^{137}Cs）の沈着量は過小評価されていることについても指摘されています．大半のモデルにおいて，セシウム137（^{137}Cs）は海水と挙動を同じくするパッシブトレーサとして扱われていますが，モデルによっては，海水中の懸濁物質との反応を扱ったものもあります．ただし，その挙動の違いについては明確に示されておらず，福島第一原発事故による海水中のセシウム137（^{137}Cs）濃度の再現において，セシウム137（^{137}Cs）と懸濁物質との反応の影響は無視できるものであると考えられます．

　モデルは必ず誤差を含みますので，現象の解明のためにはマルチモデルアプローチの必要が指摘されています．

5・5　漏えいシナリオの延長

　福島第一原発事故後1年間の沿岸域のシミュレーション結果は公表されていますが（Tsumune *et al.*, 2013），1年後以降の結果は公表されていません．ただし，漏えい率の推定に用いられた福島第一原発近傍の観測は継続され，公開され

ています．図 5・13 に，2014 年 3 月までのセシウム 137（^{137}Cs）濃度の時系列変化を示します．2014 年 3 月の時点においても，事故前の大気圏フォールアウトによるバックグラウンド濃度（1 Bq/m^3）のレベルには戻っていません．これは，一定の漏えいが継続していることを意味します．シミュレーションによって，漏えい率と福島第一原発近傍のモニタリング結果は比例関係にあることが示されています．その関係から，2013 年 1 月以降はほぼ一定の漏えいがあり，その漏えい率は 3.0 × 10^{10} Bq/day であることが示唆されます．2011 年 3 月 26 日から 4 月 6 日までの漏えい率は 2.0 × 10^{14} Bq/day と推定されていましたので，一万分の一まで減少しています．これは，Kanda（2013）による漏えいの継続の推定や，東京電力が 2013 年 8 月 30 日に原子力規制委員会の第 5 回特定原子力施設監視・評価検討会汚染水対策検討ワーキンググループに報告した漏えい率と整合的です（https://www.nsr.go.jp/committee/yuushikisya/tokutei_kanshi_wg/data/0005_01.pdf の 30 頁目）.

　福島第一原発事故の再現シミュレーション結果と観測結果との比較検証によって，継続した漏えいがどの程度影響を及ぼしているのかを推定することが可能となりました．2013 年 1 月以降，3.0 × 10^{10} Bq/day の漏えいが継続した場合のシミュレーション結果を図 5・14 に示します．事故前のバックグラウンド濃度と比較して，検出可能な海域は沿岸域にとどまっています．また，海流の影響によって，南北への影響も異なっています．シミュレーションでは，時系列変動が把握でき，また数日スケールの予測計算も可能となります．シミュレーション結果は誤差を含みますので，観測結果との比較によって影響を把握する必要がありますが，シミュレーションは効果的な観測計画の策定や，観測結果の補間による現象把握に役立つものとなります．年間平均の表層濃度分布を図 5・15 に示します．表層濃度分布は 3 〜 4 日周期で変動する流動の影響を受けますので，時間変動は大きくなりますが，年間平均スケールで見ると図 5・15 に示したような分布となることがわかります．また，年々変動は小さいことがわかっています．

　なお，1950 年代後半から 1960 年代前半にかけて，ビキニ環礁の原爆実験や大気圏核実験の影響によって，北太平洋では 100 Bq/m^3 のオーダーのセシウム 137（^{137}Cs）濃度が存在していました（Aoyama and Hirose, 2004; Buesseler *et al.*, 2011）.

5·6　拡散予測シミュレーションの可能性

　福島第一原発の事故収束にむけ，汚染水に対する対策がとられています．しかし，敷地内にはまだ汚染水が存在しているため，今後の地震や津波などによる汚染水の漏えいリスクを考慮しておく必要があります．また，トリチウム[注14]は汚染水から取り除くことが困難なので，トリチウム水としての処理を考える必要があります．トリチウム水の最終的な処理については，経済産業省のトリチウム水タスクフォースにおいて，様々なオプションが検討されている状況ですが，海洋への希釈放出もオプションの一つになっています．

　これまで，海洋汚染の実態解明のための再現シミュレーションについて述べてきましたが，ここでは拡散予測シミュレーションの可能性について述べます．

　これまでのシミュレーションと観測結果との比較から，福島沖合の流動現象に対しては3～4日周期の風による変動が支配的となっており，季節変動や年々変動は大きくないことがわかっています．したがって，今後の漏えいに対する影響範囲はこれまでの再現シミュレーションから推定することが可能です．つまり，再現シミュレーションの結果から，放出率（Bq/day）と濃度分布（Bq/m^3）の関係を把握することが可能となっています．

　リスク管理上，今後考慮しなければならない漏えいは，濃度（Bq/m^3）と流量率（m^3/day）のかけ算の結果である放出率（Bq/day）によって表されます．流量率（m^3/day）は，海洋流動に影響を与えるほど大きくないと推定できるので，ここでは放出率（Bq/day）との関係で整理できます．図5・14, 5・15において，3×10^{10} Bq/day に対応する濃度分布（Bq/m^3）を示しておりますが，この値を3×10^{10}で割ったものが，単位放出率あたりの空間分布 [(Bq/m^3)/(Bq/day)]となります．つまり，これらの図から任意の放出率に対する濃度分布がある程度推定可能となることがわかります．福島沖における年々変動は小さいため，特に年間平均の表層濃度分布図は今後の漏えい時における濃度分布の予測の一助となります．

　ここでもシミュレーションには誤差が含まれることには注意が必要です．シミュレーション結果を効率的なモニタリング計画の策定に役立てつつ，観測に

[注14]　トリチウム：水素の放射性同位体．3重水素．水の分子そのものの中にあるため水から取り除くことは困難．

よる検証を行いつつ，影響範囲の把握を行っていくことが重要です．

　また海洋拡散シミュレーションに用いた外力データ（NuWFAS, JCOPE2）は，ともに気象庁の予測シミュレーションを用いていますので，数日間の予測を含めた準リアルタイムシミュレーションも可能です．予測シミュレーションは今後の漏えいに対するモニタリング計画の策定に有効なものとなります．

5・7　その他のシミュレーション

　福島沖の沿岸スケールの海水中セシウム 137（^{137}Cs）濃度シミュレーションについて述べてきましたが，他のシミュレーションについても説明します．

1）北太平洋スケールの拡散

　福島第一原発事故を対象とした北太平洋スケールの拡散予測も行われています．これまで述べてきた沿岸域スケールと比べ，濃度レベルは低く，漁業に影響を及ぼすことはありませんでした．北太平洋のもつ大きな希釈能力によって，希釈が進んでいます．また，中層水[注15]の形成の結果として，福島第一原発起源の放射性物質が中層に移行していることも観測されており（Kumamoto *et al.*,2014），海洋学的な視点からも現象解明が望まれています．

　Rossi *et al.*（2013）は，北太平洋スケールのシミュレーション結果を報告しています．海洋学的な知見に基づいた北太平洋スケールの物質循環がよく記述されている一方で，定量的な観測結果との比較が不足しています．漏えいシナリオとして過大な 20 PBq の漏えいを設定し，2014 年以降にアメリカ大陸沿岸で影響が見られるとしています．しかし，示された濃度分布は，福島第一原発事故直後からの篤志船を用いた北太平洋スケールでの観測結果（Aoyama *et al.*,2013）と比較すると過大になっています．観測結果では，アメリカ大陸近傍での影響はほとんど見られていません．Tsumune *et al.*（2013）で示している北太平洋スケールのシミュレーションにおいても，アメリカ大陸への影響は小さいと推定されます．

　その後 Rossi *et al.*（2014）において，シミュレーションで与えるフラックスが，ミスによって 1 桁大きくなっていたことに対する修正があり，アメリカ大陸への影響は過大評価であったことが示されました．福島第一原発事故のシミュ

[注15]　中層水：中緯度の海洋に形成される上層水と深層水に挟まれた海水

レーションにおいては，汚染度の評価として定量的な結果が求められますので，観測結果との比較検証の必要性が改めて示されたと言えます．

2) 海底堆積物への移行

Misumi *et al.*（2014）は，海水のセシウム 137（^{137}Cs）濃度のシミュレーション結果（Tsumune *et al.*, 2013）をもとに，海底堆積物への吸着・脱着過程による移行を考慮したシミュレーションを行い，観測結果（Kusakabe *et al.*, 2013）との比較検証を行っています．海底堆積物シミュレーションによって，海底堆積物への移行量は，海洋へ供給された放射性物質の 10％以下と見積もりました．これは，海水中のセシウム 137（^{137}Cs）濃度の評価を行う際には，海底堆積物への移行は無視できることを示しています．

　一方で，Otosaka and Kobayashi（2013）は，海底堆積物中の放射性物質濃度分布は非常に複雑であり，定常状態ではないと指摘しています．河川からの供給や，海洋中における移動に関しては，内山ら（2014）により海底堆積物の移動に関するシミュレーションの取り組みが行われており，浸食域と堆積域の違いが見積もられています．海底堆積物から海生生物への移行も考慮する必要があるとの指摘もあり，今後，より詳細な取り組みが望まれます．

3) 海生生物への移行

Tateda *et al.*（2013）は，海水のセシウム 137（^{137}Cs）濃度のシミュレーション結果（Tsumune *et al.*, 2013）をもとに，動的海生生物移行シミュレーションを行っています．食物連鎖と代謝も考慮し，海生生物中のセシウム 137（^{137}Cs）の濃度変化をよく再現しています．福島第一原発事故のように，海水中のセシウム 137（^{137}Cs）濃度が急激に変化する場合には，従来の定常状態を想定した濃縮係数によるアプローチではなく，生物の吸収・排出速度や食物連鎖を経由した移行を考慮する必要があることを指摘しています．このシミュレーションによって，福島沖合における海生生物の濃度変化をよく再現しています．一方で，このシミュレーションで再現できない魚種（ババガレイ，マガレイ，コモンカスベ）などに対しては，海底堆積物の影響の可能性を指摘しています（立田, 2014）．

5·8　まとめ

　福島第一原発事故を対象としたセシウム137（^{137}Cs）の海洋拡散シミュレーションが行われており，観測結果との比較検証によって，直接漏えいと観測された濃度との関係が示されるようになりました．現在（2014年12月）においても，福島第一原発敷地から海洋へのセシウム137（^{137}Cs）の漏えいは継続していますが，影響は沿岸域に限定的であることが示されています．

　このシミュレーションは，海水中を水塊とともに移動するトリチウム水の拡散予測にも適用可能です．ただし，シミュレーションには誤差が含まれることには注意が必要です．シミュレーション結果を効率的なモニタリング計画の策定に役立てつつ，観測による検証を行いつつ，影響範囲の把握を行っていくことが重要と考えます．

参考文献

青山道夫（2012）：北太平洋広域観測結果から推定される福島事故由来の人工放射能の分布と放出総量について，公開ワークショップ「福島第一原子力発電所事故による環境放出と拡散プロセスの再構築」，http://nsed.jaea.go.jp/ers/environment/envs/FukushimaWS/index.htm

Aoyama, M. and Hirose, K.（2004）: Artificial radionuclides database in the Pacific Ocean: Ham database, *ScientificWorldJournal*, 4, 200-215.

Aoyama, M., Tsumune, D., Uematsu, M., Kondo, F., and Hamajima, Y.（2012）: Temporal variation of ^{134}Cs and ^{137}Cs activities in surface water at stations along the coastline near the Fukushima Dai-ichi Nuclear Power Plant accident site, Japan, *Geochem. J*, 46, 321-325.

Aoyama, M., Uematsu, M., Tsumune, D., and Hamajima, Y.（2013）: Surface pathway of radioactive plume of TEPCO Fukushima NPP1 released 134Cs and 137Cs, *Biogeosciences*, 10, 3067-3078, doi:10.5194/bg-10-3067-2013.

Bailly du Bois, P., Laguionie, P., Boust, D., Korsakissok, I., Didier, D., and Fiévet, B.（2012）: Estimation of marine source-term following Fukushima Dai-ichi accident, *J. Environ. Radioact.*, 114, 2-9, 10.1016/j.jenvrad.2011.11.015.

Buesseler, K., Aoyama, M., and Fukasawa, M.（2011）: Impacts of the Fukushima nuclear power plants on marine radioactivity, *Environ. sci. technol.*, 45, 9931-9935, 10.1021/es202816c.

Buesseler, K. O., Jayne, S. R., Fisher, N. S., Rypina, I. I., Baumann, H., Baumann, Z., Breier, C. F., Douglass, E. M., George, J., and Macdonald, A. M.（2012）: Fukushima-derived radionuclides in the ocean and biota off Japan, *Proc. Natl. Acad. Sci. USA*, 109, 5984–5988.

Estournel, C., E. Bosc, M. Bocquet, C. Ulses, P. Marsaleix, V. Winiarek, I. Osvath, C. Nguyen, T. Duhaut, F. Lyard, H. Michaud, F. Auclair（2012）: Assessment of the amount of Cesium-137 released into the Pacific Ocean after the Fukushima accident and analysis of its dispersion in Japanese coastal waters, *J. Geophys. Res.*, 117, C11014, doi: 10.1029/2012JC007933.

橋本 篤・平口博丸・豊田康嗣・中屋 耕（2010）：温暖化に伴う日本の気候変化予測（その1）- 気象予測・解析システム NuWFAS の長期気候予測への適用 -，電中研報，N10044.

速水 洋・佐藤 歩・津崎昌東・嶋寺 光（2012）：福島第一原子力発電所から放出された放射性物質の大気中輸送・沈着計算，電力中央研究所報告書，V11054.

Inomata, Y., M. Aoyama, K. Hirose, Y. Sanada, T. Torii, T. Tsubono, D. Tsumune and M. Yamada（2014）: Distribution of radionuclides in surface seawater obtained by an aerial radiological survey, *Journal of Nuclear Science and Technology*, DOI: 10.1080/00223131.2014.914451.

Kanda, J.（2013）: Continuing 137Cs release to the sea from the Fukushima Dai-ichi Nuclear Power Plant through 2012, *Biogeosciences*, 10, 6107-6113, doi:10.5194/bg-10-6107-2013.

茅野政道（2012）：大気放出量推定，公開ワークショップ「福島第一原子力発電所事故による環境放出と拡散プロセスの再構築」，2012 年 3 月（東京），http://nsed.jaea.go.jp/ers/environment/envs/FukushimaWS/index.htm

Kawamura, H., Kobayashi, T., Furuno, A., In, T., Iishikawa, Y., Nakayama, T., Shima, S., and Awaji, T.（2011）: Preliminary Numerical Experiments on Oceanic Dispersion of ^{131}I and [137]Cs Discharged into the Ocean because of the Fukushima Daiichi Nuclear Power Plant Disaster, *Journal of NUCLEAR SCIENCE and TECHNOLOGY*, 48, 1349–1356, 80/18811248.2011.9711826.

Kinoshita, N. Sueki, K., Sasa, K., Kitagawa, J., Ikarashi, S., Nishimura, T., Wong, Y. S., Satou, Y., Handa, K., Takahashi, T., Sato, M.,

and Yamagata, T.（2001）: Assessment of individual radionuclide distributions from the Fukushima nuclear accident covering central-east Japan, *Proc. Natl. Acad. Sci. USA*, 108, 19526–19529, 2011.

Kumamoto, Y., Aoyama, M., Hamajima, Y., Aono, T., Kouketsu, S., Murata, A., and Kawano, T.（2014）: Southward spreading of the Fukushima-derived radiocesium across the Kuroshio Extension in the North Pacific, *Sci. Rep.*, 4, 4276, doi:10.1038/srep04276.

Kusakabe, M., Oikawa, S., Takata, H., and Misonoo, J.（2013）: Spatiotemporal distributions of Fukushima-derived radionuclides in nearby marine surface sediments, *Biogeosciences*, 10, 5019-5030, doi:10.5194/bg-10-5019-2013.

Masumoto, Y., Miyazawa, Y., Tsumune, D., Tsubono, T., Kobayashi, T., Kawamura, H., Estournel, C., Marsaleix, P., Lanerolle, L., Mehra, A., and Garraffo, Z. D.（2012）: Oceanic Dispersion Simulations of [137]Cs Released from the Fukushima Daiichi Nuclear Power Plant, DOI: 10.2113/gselements.8.3.207, *ELEMENTS*, 8, 207-212.

Mellor, G., Hakkinen, S., Ezer, T., and Patchen, R.（2002）: A generalization of a sigma coordinate ocean model and an intercomparison of model vertical grids, in: Ocean Forecasting: Conceptual Basis and Applications, edited by: Pinardi, N. and Woods, J. D., Springer, New York, 55-72. http://www.aos.princeton.edu/WWWPUBLIC/PROFS/NewPOMPage.html

Misumi, K., Tsumune, D., Tsubono, T., Tateda, Y., Aoyama, M., Kobayashi T. and Hirose, K.（2014）: Factors controlling the spatiotemporal variation of ^{137}Cs in seabed sediment off the Fukushima coast: Implications from numerical simulations, *J. Environ. Radioact.*, in revision.

Miyazawa, Y., Zhang, R., Guo, X., Tamura, H., Ambe, D., Lee, J-S., Okuno, A., Yoshinari, H.,

Setou, T., Komatsu, K.（2009）: Water mass variability in the western North Pacific detected in a 15-year eddy resolving ocean reanalysis, *J. Oceanogr.*, 65, 737–756.

Miyazawa, Y., Masumoto, Y., Varlamov, S. M., Miyama, T., Takigawa, M., Honda, M., and Saino, T.（2013）: Inverse estimation of source parameters of oceanic radioactivity dispersion models associated with the Fukushima accident, *Biogeosciences*, 10, 2349-2363, doi:10.5194/bg-10-2349-2013.

Morino, Y., Ohara, T., and Nishizawa, M.（2011）: Atmospheric behavior, deposition, and budget of radioactive materials from the Fukushima Daiichi nuclear power plant in March 2011, *Geophys. Res. Lett.*, 38, L00G11, doi:10.1029/2011GL048689.

Morino Y., Ohara T., Watanabe Mirai., Hayashi S., Nishizawa T.（2013）Episode Analysis of Deposition of Radiocesium from the Fukushima Daiichi Nuclear Power Plant Accident, *Environ. Sci. Technol.*, 47, 2314-2322.

中村義治（1990）: 解放性浅海域の物理環境，大熊海岸における各種境界層について，水産土木, 26（1）,45-60.

日本学術会議（2014）: 福島第一原子力発電所事故によって環境中に放出された放射性物質の輸送沈着過程に関するモデル計算結果の比較，総合工学委員会 事故対応委員会，原発事故による環境汚染調査に関する検討小委員会，環境モデリングワーキンググループ，報告, http//www.jpgu.org/scj(report/20140902scj_report_j.pdf).

日本国政府（2011）: 原子力安全に関する IAEA 閣僚会議に対する日本国政府の報告書，http://www.kantei.go.jp/jp/topics/2011/iaea_houkokusho.html

Otosaka, S., Kobayashi, T.（2013）: Sedimentation and remobilization of radiocesium in the coastal area of Ibaraki, 70 km south of the Fukushima Dai-ichi Nuclear Power Plant, *Environ. Monit. Assess.*, 185, 5419-5433.

Rossi, V., Sebille, E. V., Gupta, A. S., Garçon, V., England, M. H.（2013）: Multi-decadal projections of surface and interior pathways of the Fukushima Cesium-137 radioactive plume, *Deep-Sea Research* I, 80, 37-46.

Rossi, V., Sebille, E. V., Gupta, A. S., Garçon, V., England, M. H.（2014）: Corrigendumto "Multi-decadal projections of surface and interior pathways of the Fukushima cesium-137 radioactive plume", Deep-Sea Res. I, 80 (2013) 37–46]. Deep- Sea Res. I, http://dx.doi.org/10.1016/j.dsr.2014.08.007

Rypina, I. I., Jayne, S. R., Yoshida, S., Macdonald, A. M., Douglass, E., and Buesseler, K.（2013）: Short-term dispersal of Fukushima-derived radionuclides off Japan: modeling efforts and model-data intercomparison, *Biogeosciences*, 10, 4973-4990, doi:10.5194/bg-10-4973-2013.

Skamarock, W. C., Klemp, J. B., Dudhia, J., Gill, D. O., Barker, D. M., Duda, M., Huang, H., Wang, W., Powers, J. G.（2008）: A description of the advanced research WRF version 3.NCAR Tech. Note NCAR/TN-475+STR, 113pp.

Shchepetkin, A. F. and McWilliams, J. C.（2005）: The Regional Ocean Modeling System（ROMS）: a split-explicit, free-surface, topography following coordinates oceanic model, *Ocean Modell.*, 9, 347–404. https://www.myroms.org/

立田 穣（2014）: 海産生物への放射性セシウム移行に関するモデル解析について，*Isotope News*, 719, 32-36.

Tateda, Y., Tsumune, D., and Tsubono, T.（2013）: Simulation of radioactive Cs transfer in the southern Fukushima coastal biota by dynamic food chain transfer model, *Journal of Environmental Radioactivity*, 124, 1–12,10.1016/j.jenvrad.2013.03.007.

Terada, H., G. Katata, M. Chino, and H. Nagai（2012）: Atmospheric discharge and dispersion of radionuclides during the Fukushima Dai-ichi Nuclear Power Plant accident. Part II: verification of the source term and analysis of regional-scale atmospheric dispersion, *J. Environ. Radioact.*, 112, 141–154.

東京電力（2012）：福島原子力事故調査報告書, http://www.tepco.co.jp/nu/fukushima-np/interim/index-j.html

坪野考樹・津旨大輔・三角和弘・吉田義勝（2010）：地域海洋モデル ROMS を用いた物質拡散の計算法, 電力中央研究所報告書, V09040.

Tsumune, D., Aoyama, M., Hirose, K.（2003）: Numerical simulation of ^{137}Cs and ^{239,240}Pu concentrations by an ocean general circulation model, *J. Environ. Radioact.*, 69, 61–84.

Tsumune, D., Aoyama, M., Hirose, K., Bryan, F. O., Lindsay, K., and Danabasoglu, G.(2011): Transport of 137Cs to the Southern Hemisphere in an ocean general circulation model, *Prog. Oceanogr.*, 89, 38–48, 10.1016/j.pocean.2010.12.006.

津旨大輔・坪野考樹・青山道夫・廣瀬勝巳（2011）：福島第一原子力発電所から漏洩した ^{137}Cs の海洋拡散シミュレーション, 電中研報, V11002.

Tsumune, D., Tsubono, T., Aoyama, M., and Hirose, K.（2012）: Distribution of oceanic ^{137}Cs from the Fukushima Dai-ichi Nuclear Power Plant simulated numerically by a regional ocean model, *J. Environ. Radioact.*, 111, 100–108, 10.1016/j.jenvrad.2011.10.007.

Tsumune, D., T. Tsubono, M. Aoyama, M. Uematsu, K. Misumi, Y. Maeda, Y. Yoshida, and H. Hayami（2013）: One-year, regional-scale simulation of 137Cs radioactivity in the ocean following the Fukushima Dai-ichi Nuclear Power Plant accident, *Biogeosciences*, 10, 5601-5617, doi:10.5194/bg-10-5601-2013.

内山雄介・山西琢文・津旨大輔・宮澤泰正（2014）：放射性核種の海域移行解析のための河口・沿岸域土砂輸送モデルの開発, 日本地球惑星科学連合 2014 年大会, パシフィコ横浜.

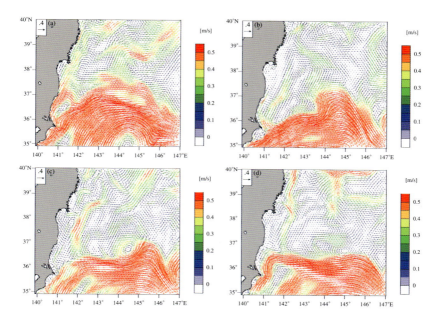

図 5・1　流速ベクトル分布のシミュレーション結果（m s–1）　(a) 2011 年 5 月 1 日，(b) 6 月 1 日 (c) 6
月 15 日，(d) 7 月 1 日（Tsumune *et al.*, 2013）

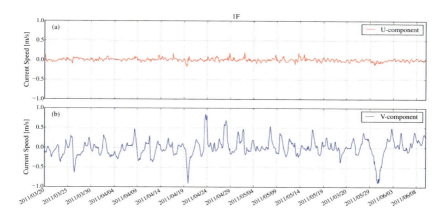

図 5・2　福島第一原発前面の流速の時系列変化　(a) 東西成分，(b) 南北成分（Tsumune *et al.*, 2013）

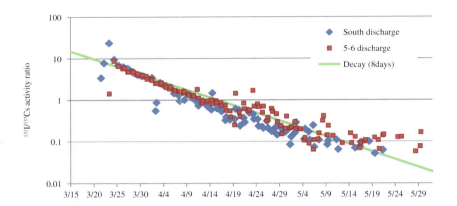

図5・3　福島第一原発近傍の5-6（北）放水口と南放水口における $^{131}I/^{137}Cs$ 放射能比のモニタリング結果（東京電力）
　　　緑の線は半減期8日の減衰曲線（3月26日の時点で $^{131}I/^{137}Cs$ が5.7）を示す（津旨ら，2011）.

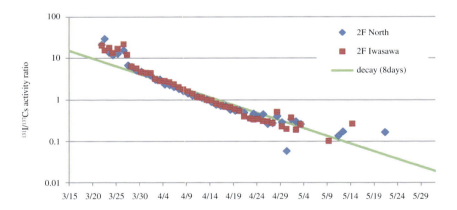

図5・4　福島第二原発の北放水口（福島第一原発から10km南）と岩沢海岸（福島第一原発から16km南）における $^{131}I/^{137}Cs$ 放射能比のモニタリング結果（東京電力）
　　　緑の線は半減期8日の減衰曲線（3月26日の時点で $^{131}I/^{137}Cs$ が5.7）を示す（津旨ら，2011）.

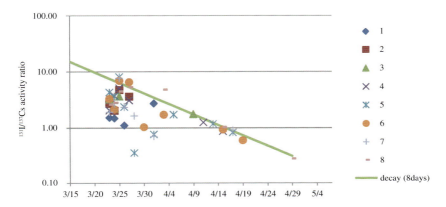

図 5・5　福島沖 30km における 8 つの観測点における ^{131}I/^{137}Cs 放射能比のモニタリング結果（文部
　　　　科学省）
　　　　緑の線は半減期 8 日の減衰曲線（3 月 26 日の時点で ^{131}I/^{137}Cs が 5.7）を示す（津旨ら，
　　　　2011）.

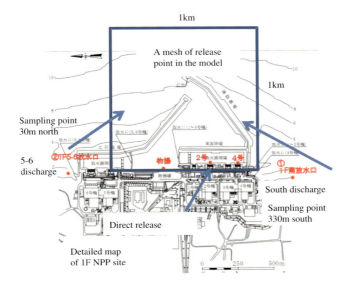

図 5・6　近傍のメッシュとモニタリング地点（福島第一原発）

134

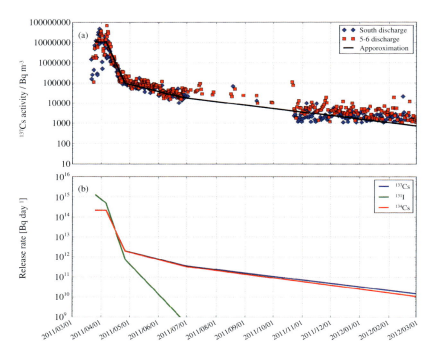

図5・7　(a) 福島第一原発近傍のモニタリング結果，青が南放水口，赤が5-6放水口を示す．灰色のラインは，濃度変化の指数関数的減少の近似を示す．(b) シミュレーションにより見積もった漏洩率（Bq/day）の時系列変化．(Tsumune *et al.*, 2013)

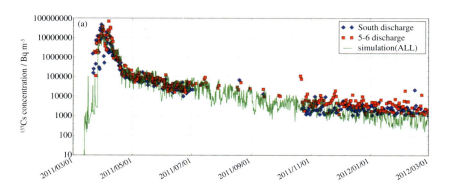

図5・8　福島第一原発近傍のシミュレーション結果とモニタリング結果との比較（Tsumune *et al.*, 2013）

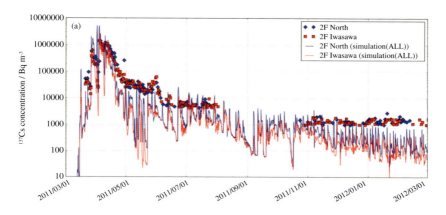

図 5・9　福島第二原発近傍のシミュレーション結果とモニタリング結果との比較
（Tsumune *et al.*, 2013）

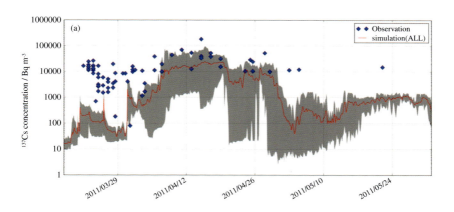

図 5・10　30 km 沖合のシミュレーション結果とモニタリング結果との比較
（Tsumune *et al.*, 2013）

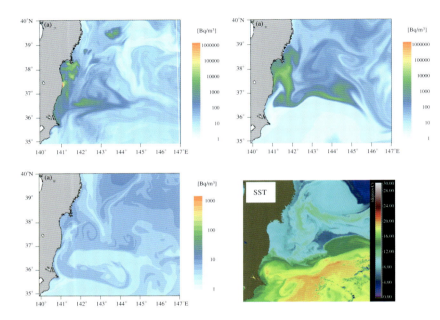

図5・11　^{137}Cs の表層濃度分布のシミュレーション結果
　　　　左上は 2011 年 4 月 1 日，右上は 2011 年 5 月 1 日，左下は 2012 年 2 月 29 日（カラーコ
　　　　ンターが異なる）．右下は 2011 年 4 月 14 日の表層水温分布（衛星データ）（Tsumune *et al.*, 2013）

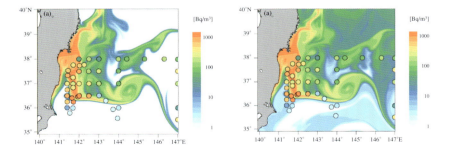

図5・12　KOK 航海（2011 年 6 月 4 日～ 18 日；Buesseler *et al.*, 2013）による観測結果とシミュレーショ
　　　　ン結果の比較
　　　　左は直接漏えい，大気からの降下，境界からの流入を考慮したケース．右は直接漏えい
　　　　のみを考慮したケース．○は，観測地点の濃度を示す．（Tsumune *et al.*, 2013）

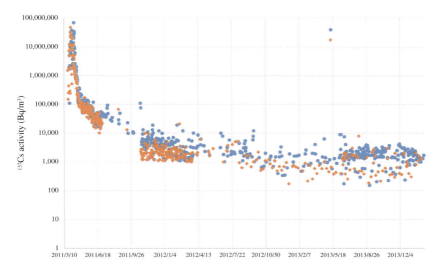

図 5・13　福島第一原発近傍の ^{137}Cs 濃度のモニタリング結果．長期的な変動

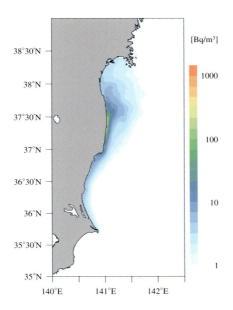

図 5・15　2013 年 1 月から 2013 年 3 月まで，一定の漏えい（3.0 × 10^{13} Bq/day）を想定した場合の年間平均濃度分布（Bq/m^3）

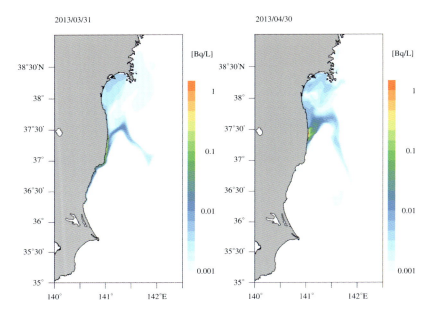

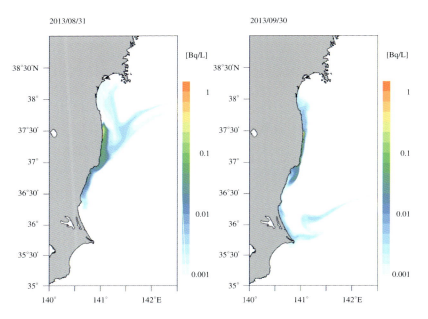

図5・14 2013年1月以降, ^{137}Cs が 3 × 10^{10} Bq/day で漏えいした場合の濃度分布. 2013 年 3 月 31 日, 4 月 30 日, 8 月 31 日, 9 月 30 日.

6章

福島漁業の復活プロセス

———————————— 八木信行

6・1　漁業の被害状況

2011年3月11日，東日本大震災がもたらした津波によって，全国で約2万9,000隻の漁船と319漁港が被災しました（水産庁，2013）．この数字は，日本の総漁船隻数と漁港総数のそれぞれ約10％に相当します．震災から3年弱が経過した2014年1月末時点では，全国で漁船は約1万7,000隻が復旧し，また同年3月末には陸揚げ機能が全てまたは部分的に回復した漁港の数は289となりました（水産庁，2013）．未曾有の大災害であったにもかかわらず，ハード面は意外に急ピッチで回復したと言えるでしょう．

しかしながら福島県の状況は，これとは異なっています．東京電力福島第一原子力発電所（以下，福島第一原発）から大量の放射性物質が環境に放出される事故が発生し，それによって福島の漁業が受けたダメージが甚大なものだからです．

福島県では漁船873隻が津波で被災しました（農林水産省大臣官房統計部2012）．2011年3月11日は相馬双葉地区の休漁日で漁船が港に係留されており，そのために結果的に多くの漁船が津波によって被災したという話も聞いています．津波で家族を失った漁業者もいましたが，残った船を組織していち早く操業を始めようという動きもありました．福島第一原発の事故はその矢先のことです．2011年3月15日，福島県漁業協同組合連合会は組合長会議を開催し，福島県の沿岸および沖合での漁業操業自粛を決定しました．国から福島県の水域で漁獲される複数の魚介類を出荷制限の対象とする指示などが出されたのはその後のことです．

福島県で操業が自粛されている間の漁業者への賠償については，原子力損害の賠償に関する法律に基づき原子力事業者である東京電力がその責任を負うべきとされており，実際，東京電力は漁業者に賠償金を支払っています．しかしながら，①事故以前における漁獲物の売上伝票が津波などで逸散し，売上減少

額や実損額などを計算する証拠資料が整えられない漁業者もおり，そのような漁業者には必ずしも適切な賠償がなされていないこと，②賠償が不十分な水産加工業や流通業は，業者が福島を引き払う動きを見せていること，③操業自粛がどの程度長期化するか不明確な中で将来計画が立てられないことなど，多くの不満が存在しています．（八木，2013）．

6・2　福島県地域漁業復興協議会

　以上の状況で，福島県漁業協同組合連合会は，水産業の復興と漁業の再開を目指すために福島県地域漁業復興協議会を立ち上げました．2012 年 3 月に第 1 回会合を開催し，以降，ほぼ毎月のペースで福島県内にて協議会を開催しています（2014 年 5 月現在）．

　筆者も 2012 年の立ち上げ当初から協議会のメンバーとして議論に参加していますが，当初は，出席者一同が苦虫をかみつぶしたような表情で議論を行う暗い雰囲気の会議でした．特に，福島県の沿岸や沖合域での漁業再開には，極めて大きな障害が存在しているとの悲観的な議論が何回もなされました．「福島で漁業を再開しても魚を買う消費者はいないだろう．へたをすると国産の魚全てに風評被害が及ぶ．しかし，このままでは，福島では漁業だけでなく，関係する流通卸売業，食品小売業，外食産業といった福島沿岸の地域産業そのものが消えてしまう．いったいどうすればよいのか」といった議論でした．

　その中で，セシウム（Cs）を体にためにくい水産物に限定した漁業の再開について議論がなされるようになりました．特に，福島原発の事故以前から公表されていた IAEA（International Atomic Energy Agency，国際原子力機関）の報告では，生物の種類によって，セシウム（Cs）などの放射性物質を体内にためやすいものとそうでないものがいるとの情報は重要でした．具体的には，海に生息する生物の中でも，特にイカ，タコ，貝類などは，魚類よりも放射性セシウム（Cs）の濃縮係数（生物体内に含まれるセシウム濃度を水中に含まれるセシウム濃度で割って得られた数字）が低いとの情報です（IAEA．2004）．

　福島県などが今回の事故後に実施したモニタリング調査でも，福島県の水域で採集した魚介類のうち，イカやタコなどは初期に放射性セシウム（Cs）が検出されましたが，その後，海水の放射能レベルが低下すると検出されなくなったことがわかりました（根本ら，2012）．このモニタリング調査では更に，海域

によって魚体内の放射性セシウム（Cs）濃度が異なる傾向があること，具体的には，福島第一原発に近づくほど高く，また第一原発の南側の方が北側よりも高いことが明らかとなりました（根本ら，2012）．県の水産試験場は水深 7 m，10m，20m の浅海域に 6 本の定線を設けて，2011 年 5 月以後，毎月海水の放射性セシウムの測定をおこないました．事故直後は原発南側の浅い海域で放射性セシウム（Cs）が検出されていましたが，2011 年 9 月には全ての測点で不検出となりました（根本ら，2012）．

　並行して，海水魚がセシウム（Cs）を排出する仕組みも解明されました．海水魚は周りの水（海水）よりも体液の浸透圧が低く，体から水が失われやすいため，海水を飲み込んで，海水に含まれるセシウムを含めた塩やミネラルをエラなどから積極的に排出してバランスを保っています．海水魚の鰓表面には，体の中と外との間で塩分やミネラルを出し入れする（イオン輸送する）「塩類細胞」が非常に多く分布し，セシウムは，塩類細胞にあるカリウムの排出経路を通じて，体外へ排出されます（Furukawa *et.al.*, 2012）．

　なお，一方で，2012 年 6 月時点においても，シロメバル，マコガレイ，スズキ，アイナメなど，沿岸域にすむ多くの魚類からは，100Bq/kg を超える放射性セシウムが検出されていました．2012 年 5 月の調査結果では，検査を行った 475 検体のうち，放射性セシウムが不検出であったものは 183 検体で，100Bq/kg を超えた検体数が 93 存在していました[注1]．事故からの日数が経過するにつれて，放射性セシウム（Cs）濃度が明らかに低下した種類の魚種もある一方で，傾向が明らかではない魚種も多く残っていました（根本ら，2012）．

　この状況で，試験的にでも漁業を再開することが適切かどうか，多角的な見地から議論が重ねられました．そもそも今回の原発事故では，漁業関係者は被害者です．しかし，漁業再開を優先させるあまり，消費者をリスクにさらすことは未然に防がなければなりません．したがって，漁業を試験的に再開する場合でも，魚種や海域の選定を安全を見越して慎重に設定することはもちろん，得られた漁獲物を市場に流通させる際にトレーサビリティーを確保し，緊急時には製品の回収ができる体制を整えるなど，消費者の視点に立って製品の検査や流通販売を再整備する必要性が協議会で繰り返し議論されました．

　以上のような議論の結果，2012 年 6 月 12 日の福島県地域漁業復興委員会会

[注1] 福島県作成資料による．https://www.pref.fukushima.lg.jp/uploaded/attachment/62953.pdf から入手可能

合で，次のような条件の下で試験的に漁業操業を再開させようということになりました．

- 福島県の魚に関する現状を理解してもらえる購買者に絞って販売する（これを可能とするために購買者向けの表示とトレーサビリティーを整備する）．
- 出荷前に放射性物質の検査を十分行う．また出荷先で基準値を超えたものが見つかる場合は全品回収する．
- 漁獲対象を，タコの種類である「ヤナギダコ」と「ミズダコ」，また巻貝の「シライトマキバイ」の3種類に限る．また漁獲する水深を150m以深とする．
- 9隻の船だけを使い沖合で漁獲し，それを相馬双葉漁協1カ所だけに水揚げをする．
- 購買者に対して情報を隠さず提供し，また購買者からの反応が生産者に伝わるように仕組みを整える．
- 定期的に計画を見直しする．

その後，福島県漁業協同組合連合会は，組合長会議の合意を経た上で，2012年6月から試験操業を実施しました．

6・3　試験操業の開始

2012年6月22日，震災後初の試験操業が実施され，ヤナギダコ90kg，ミズダコ831kg，シライトマキバイ471kgが漁獲されました[注2]．漁獲物は相馬双葉漁協が放射性物質を検査しましたが，基準値を超えたサンプルはありませんでした．その後漁獲物は仲買人を通じて地元のスーパーなどに卸され，すぐに完売となりました．地元の消費者の間に福島県産の水産物を購買する意欲が存在していたことが確認できたと言えるでしょう．

これ以降，1カ月に4回程度のペースで，試験操業が継続されています．福島県漁業協同組合は試験操業日別に魚種別の漁獲重量キロ数を記録しており，このデータをもとに経過をまとめると，表6・1の通りとなります．1日あたりの水揚量は5トン前後で，多くても10トン台．いずれの日も漁獲物は放射性物質の検査がなされ，指定した仲買人によって市場流通されています．

試験操業の対象魚種も，徐々に追加されました．追加する場合のプロセスは

注2　福島県漁業協同組合連合会の資料を筆者が集計

以下の通りです．まず候補として，原子力災害特別措置法に基づく国の出荷制限指示の対象となっていない魚種で，かつモニタリング調査で放射性セシウム濃度の値が安定して検出限界以下になっている魚種が選定されます．この候補魚種それぞれについて，福島県地域漁業復興協議会でその是非が議論され，更に結果を組合長会議に諮るという手順です．

表6·1　福島県における試験操業の実施状況（福島県漁業協同組合連合会および福島県庁の資料をもとに筆者作成）．漁獲量は小数点以下一桁を四捨五入した．

操業月	出漁日数	漁獲量（トン）	漁獲対象魚種（実際に漁獲した魚種の内訳）注3
2012/6	2	4	ヤナギダコ，ミズダコ，シライトマキバイ（巻ツブ）
2012/7	5	30	前月と同じ
2012/8	4	16	前月と同じ
2012/9	3	13	マイカとケガニが加わる
2012/10	3	19	前月と同じ
2012/11	2	16	ヤリイカ，エゾボラモドキ（黒ツブ）が加わる
2012/12	3	24	チヂミエゾボラ（白ツブ），アオメイソ（メヒカリ），ミギガレイが加わる
2013/1	3	13	マツバガニ，メガニ，キンキ（キチジ）が加わる
2013/2	2	8	前月と同じ
2013/3	4	23	コウナゴが加わる
2013/4	10	118	前月と同じ
2013/5	4	10	ユメカサゴ（ノドグロ）注3が加わる
2013/6	3	12	前月と同じ
2013/7	10	78	前月と同じ
2013/8	3	24	前月と同じ
2013/9	2	9	キアンコウ，ヤナギムシガレイが加わる
2013/10	7	34	シラスが加わる
2013/11	5	35	サメガレイ，アカガレイ，アカムツ，マアジが加わる
2013/12	5	44	メダイが加わる
2014/1	6	22	ヒゴロモエビ（ブドウエビ），ジンドウイカ（ヒイカ）が加わる
2014/2	4	10	スケトウダラが加わる
2014/3	11	29	イシカワシラウオが加わる
2014/4	17	186	前月と同じ
2014/5	8	31	アワビが加わる
2014/6	9	26	ヒラツメガニ，ガザミ，ホッキガイ
2014/7	15	92	前月と同じ
2014/8	10	90	前月と同じ
2014/9	18	75	サワラ，ブリ，カガミダイ，マガレイ，カナガシラ，ホウボウ，オキナマコ，ベニズワイが加わる

試験操業による2012年6月から2013年12月までの水揚量は，合計528トンであり，そのうち相馬双葉地域の水揚量は515トン，いわき小名浜地域の水揚量は13トンです注4．両地域合わせて，2013年1月から12月までの試験操

注3　ユメカサゴ（ノドグロ）は，2014年3月から同8月まで漁獲対象から一時はずれていた．これは，2月に漁協が行った検査で112Bq/Kgと基準値以上のセシウムを含むものが発見されたためである．
注4　福島県漁業協同組合連合会の資料を筆者が集計．

業によるトータルの水揚量は 406 トンであり^{注5}，これは震災前の同種の漁業による水揚げ量のおよそ 1 ／ 30 程度の漁獲量に相当します．

　福島県の漁業は，底びき網，船びき網，まき網，さし網，敷網（棒受網），定置網，はえ縄，はえ縄以外の釣り，その他の漁業（沖合たこかご漁業を含む）に区分されています．そのうちで試験操業を行っているものは底びき網漁業，船びき網漁業，沖合たこかご漁業の 3 つの漁業種類のみです．

　今まで試験操業を行ってきた漁船が所属する地域としては，県北部の相馬双葉地域と，県南部のいわきおよび小名浜地域があり，底びき網漁業についてはその双方の地域から漁船が参加しています．ただし，相馬双葉地域の漁船が試験操業開始当初の 2012 年 6 月から参加しているのに対し，いわきおよび小名浜の漁船は 2013 年 10 月から参加しました．底びき網漁業は，2012 年 6 月の試験操業開始から 2013 年 12 月までの期間（禁漁期としている 7 月と 8 月を除く）に合計 230 トンを漁獲しました^{注6}．

　沖合たこかご漁業は全て相馬双葉地域の漁船です．これらは 2012 年の 7 月および 8 月，ならびに 2013 年 7 月および 8 月に操業を行い，ミズダコ，ヤナギダコ，シライトマキバイの 3 種類で合計 147 トンを漁獲しています^{注7}．

　船びき網漁業も，2013 年 12 月までの時点で試験操業に参加したものは，全て相馬双葉地域の漁船です．船びき網は，春にコウナゴ漁，秋にシラス漁に従事する漁業です．春は，2013 年 3 月 29 日から同年 5 月 1 日まで延べ 10 回出漁し，コウナゴ（イカナゴの稚魚）を 137 トン漁獲し^{注8}，秋は，2013 年 10 月 11 日から同年 11 月 9 日まで延べ 5 回出漁し，シラス（カタクチイワシの稚魚）を 13 トン漁獲しました^{注9}．

　図 6・1 に，試験操業を実施した海域を示しました^{注10}．試験操業では，対象魚種だけではなく，実施海域についても，福島県地域漁業復興協議会でまず議論を行い，その上で組合長会議にて合意を経るというプロセスをもって設定されます．また，試験操業で得られた漁獲物の放射性物質に関する調査結果を検討した上で，徐々に操業可能な海域の拡大を認めています．

注5 福島県庁および福島県漁業協同組合連合会の資料を筆者が集計
注6 同上
注7 同上
注8 同上
注9 同上
注10 fsgyoren.jf-net.ne.jp（福島県漁業協同組合連合会資料より抜粋）

　底びき網における試験操業は，当初 2012 年 6 月に開始した際には図の中の海域①に限定して操業を行うこととされていました[注11]．これは，福島県水産試験場（以下，福島県水試）などが実施した調査結果において，魚介類の放射性セシウム（Cs）の濃度が，県の北部の方が南部よりも低く，また水深が深くなるにつれて低くなる傾向が見られたことによります

　底びき網はその後，2012 年 10 月に，海域②の部分まで操業が認められるようになりました．これについても，福島県水試などのデータを見ながら議論を行った末に決定しました．なお，沖合たこかごについては，2012 年を通して海域①に限定して操業を行いました[注12]．

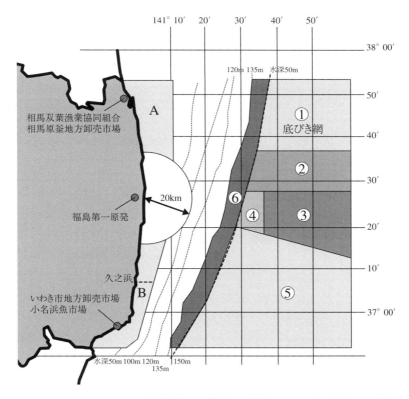

図 6・1　福島県における試験操業実施海域（福島県漁業協同組合連合会の資料から転載）

[注11]　fsgyoren.jf-net.ne.jp（福島県漁業協同組合連合会資料より抜粋）
[注12]　同上

2013 年に入り，底びき網の試験操業海域は徐々に拡大されました．具体的には，同年 2 月には海域③を，同年 5 月には海域④を，同年 8 月には海域⑤を，同年 12 月には海域⑥をそれぞれ追加しました[注13]．また，沖合たこかご漁業は，2013 年は①～④の海域で操業を行いました[注14]．

船びき網については，漁獲対象がコウナゴ（イカナゴの稚魚）およびシラス（カタクチイワシの稚魚）であり，沿岸域がこれら魚種の分布域になっています．コウナゴは，2011 年に 14,400Bq/kg の放射性セシウムが検出されました（根本ら，2012）．コウナゴ漁は毎年新しく生まれる稚魚を漁獲対象としています．2013 年に漁獲対象となるものは事故後に新しく生まれた世代です．実際，サンプル調査でも放射性セシウム（Cs）は検出限界以下でした．このことから，2013 年 3 月から A の海域でコウナゴを対象とした船びき網の試験操業が認められることとなりました．なお，A の海域は相馬双葉地区の漁船が試験操業を行う海域とされ，1 年遅れて 2014 年 2 月から B の海域で小名浜の漁船が試験操業を行いました．

なお，福島県に所属するまき網漁業と，さんま棒受網（敷網）漁業は，福島県の海域以外で操業を行っています．これらは試験操業ではなく通常の漁業であり，2012 年にはカツオマグロ類やサンマなど合計 4,500 トンを漁獲しました[注15]．漁獲されたカツオ類は，福島県（小名浜）で水揚げしましたが，他県に水揚げしたときよりも浜値が安くなるとの話も漁業関係者から聞きました．

6・4　福島県の沿岸および沖合漁業の将来ビジョン

以上で概観したとおり，福島県の沿岸および沖合域における漁業は，福島第一原発の事故によって極めて深刻な影響を受け，震災後 3 年が経過した 2014 年現在においても，本格復興からは遠い状況といわざるを得ません．

震災前，福島県の漁業は，全国平均と比較して販売面や後継者の確保の面で優等生でした．2008 年の漁業センサスによれば，漁業就業者のうち 60 歳以上の者が占める割合は，全国平均では約 47% であったのに対し福島県では約 36%

[注13] fsgyoren.jf-net.ne.jp（福島県漁業協同組合連合会資料より抜粋）
[注14] 同上
[注15] 福島県庁による「平成 24 年度版福島県海面漁業漁獲高統計」から引用

と低い割合でした．漁船側と陸側で連携をとりながら，魚の市場価値を上げるといったソフト面の努力があり，そのために生産が安定していたと考えられます（八木，2013）．例えば底びき網漁業は，短い期間に効率的に漁獲する技術があったために禁漁日を多めに設定することが可能で，その分，水揚げがある日には陸側で手数をかけて魚のハンドリングができるという好循環があり，これがもうかる漁業に繋がり，若い人も漁業に留まっていたように見えます（八木，2013）．

　しかしながら，このような好循環は原発事故によって崩壊し，将来の展望も不明確な状況に陥っているのが現状です．加えて，日本漁業が抱える構造的な問題ものしかかっています．日本の水産業は，1990年代頃から生産が急速に減少し，並行して水産物の輸入が急増しました．日本の水産物関税率が低い（平均税率4%）中で円高が進み，外国産水産物の輸入が拡大したこと，また，国際的に漁業管理が強化され200カイリ体制が確立したため日本漁船が外国漁場を失ったこと，日本近海でマイワシの大発生期が終了したことなどが，その背景にあるとされます（島ら，2012）．残った漁業経営体も，国際競争の激化や燃油などの資材高騰のため収益は低迷し，就労者人口も全国的に減少しています（農林水産省，2012）．加えて，漁獲規制を遵守してコストをかけて厳しい資源管理をしていても，その一方で密漁品が安く市場に出回り，こちらの方が価格競争力があるために，資源の保全管理を実施している漁業者が市場から淘汰されるという逆選択問題も国際レベルで存在します（OECD，2004）．原発事故を仮に克服できたとしても，これら問題にも根本的な対応が求められています．

　以上を踏まえた上で，今後の被災地漁業復興に関するビジョンについて最後に触れます．

1）水産版ジャスト・イン・タイム方式

　今，漁業資源の乱獲や，漁獲後も海から食卓まで全ての段階で魚が投棄されることが問題となっていますが，この一因は，購買者が買うのかどうか不明であるままとりあえず多種多様な種類とサイズの魚を大量に漁獲して店先に並べておくビジネススタイルにあると筆者は見ています．問題の解決策は，あらかじめ消費者の消費動向を把握した上で漁業を行い，ムダのない操業を行いながら売れ残りのリスクを減らすことです．これを水産版ジャスト・イン・タイム方式と呼ぶことにします．生産面については，福島県では底びき網漁業などは

技術水準が高いため，消費者側の需要に合わせて選択的に魚を獲ることはある程度可能な下地があるように思えます．

　この場合，次の課題となるのは，流通過程の短縮化です．国産の水産物は，産地市場，仲買，消費地卸，消費地仲卸，小売店という多段階の流通を経ており，それぞれの中間業者がマージンを取っています．その中間マージンに見合う付加価値をあげているのであれば問題はありませんが，実際は逆に，中間業者が多いために産地から消費者まで丸2日ほど時間が経過したり，産地の情報が消費者に伝わりにくくなったりといったマイナスの側面もあります．対策としては，電子商取引システムなど新しい技術を導入した新しい流通チャンネルの立上げがあげられます．他の震災被災地でも，水産業は復興しても，消費地で店頭販売スペースを確保することが難しいという例がありますが，このような場合は既存の市場流通と並行して新しい流通チャンネルを立上げることが一つの解決策になります．その場合，具体的な注文を出してくる購買者を大切にして，資源を守りながら効率的な生産と時間を節約した流通を行う新しいスタイルのフードシステムを新しく構築することが望ましいと思います．このようなスタイルを今後成功に導くには，顧客の需要動向を短期的に予測する仕組み，また需要に合わせて漁獲する技術，それを正当な値段をつける仕組み，効率的な運送の仕組み，更には正確な漁獲場所と放射能検査結果などの付加的な情報などを伝達する仕組みなど，一つ一つ課題をクリアしていくことが必要です．

2）消費者の利益を考えた対応を

　2012年6月に試験操業を開始した際には，批判の声も存在しました．水揚げ時に検査をしているとはいえ，それは全量検査ではなく抽出検査です．放射性物質を基準値以上に含む水産物が出回る可能性がある中では試験操業も時期尚早といった批判です．

　福島県地域漁業復興協議会では，そのような批判をしてくる消費者をどのように説得すべきかという議論もなされました．その際に述べた筆者の考えは，基本的に説得できないと考えて行動する方がよいというものです．福島産の水産物を購入したくないというのは個人の自由であり，そこを無理に説得する必要はありません．むしろ，福島県産という表示を徹底し，更には検査方法も表示する．そして，すべての消費者がそれをわかった上で購入できる体制を整備することが重要なのです．その上で，仮に批判がなされた場合には，「福島産の水

産物を購入したいという層も一方で存在しており，それは彼らの自由です．あなたに彼らの自由を侵害する権限はない」と述べればよいと協議会で説明しました．実際，筆者らが別途実施した消費者に対する調査では，水産物の放射性物質汚染を懸念する声が多かった一方で，被災地復興を助けるために積極的に被災地の水産物を購入したいという声も多く見られました（現在発表準備中）．

ただ，ここで問題となるのは，仲買人や小売店などがリスク回避のために敢えて福島県産の水産物を扱わない傾向が存在する場合です．ビジネス上の判断であるとはいえ，生産者と消費者の間に位置する彼らの行為が，結果的に福島県産を購入したいという消費者層の自由を奪っているとすれば問題です．

対策としては，ここでも，流通過程を短縮化し，トレーサビリティーを確保した流通体制を再構築することが有効でしょう．

日本の漁業全体が長期の縮小傾向にある中，福島県の漁業は極めて大きなハンディキャップを負ってしまった状況にありますが，水産物の消費者の利益を考えた大胆な対応を行うことで，将来への希望をつなぐ道が見いだせると考えています．

謝　辞
本稿を作成するに当たり，福島県漁業協同組合連合会災害復興プロジェクトチームの野口和伸氏から貴重な情報やデータを頂きました．ここに謝意を表します．

参考文献

Furukawa F., Watanabe S. and Kaneko T. (2012)：Excretion of cesium and rubidium via the branchial potassium-transporting pathway in Mozambique tilapia, *Fish. Sci.*, 78, 597-602.

IAEA（2004）：Sediment distribution coefficients and concentration factors for biota in the marine environment, *Technical Report*, 422, International Atomic Energy Agency, Vienna.

OECD（2003）：Liberalising fisheries markets: scope and effects, OECD Publication, Paris.

OECD（2004）：Fish Piracy: Combating Illegal,

Unreported and Unregulated Fishing, OECD Publication, Paris.

水産庁（2013）：水産業復興に向けた現状と課題，平成26年3月11日.

阪井裕太郎・中島　亨・松井隆弘・八木信行（2012）：日本の水産物流通における非対称価格伝達，日水誌，78(3), 468-478.

島　一雄ほか編（2012）：最新水産ハンドブック，講談社，720pp.

根本芳春・島村信也・五十嵐敏（2012）：福島県における水産生物等への放射性物質の影響，日水誌，78(3), 514-519.

農林水産省（2012）：平成23年度水産の動向

平成 24 年度水産施策，農林水産省．

農林水産省大臣官房統計（2012）：東日本大震災と農林水産業基礎統計データ（図説）―岩手・宮城・福島を中心に―平成 24 年 6 月 改 訂 版（http://www.maff.go.jp/j/tokei/joho/zusetu/pdf/00_2406all.pdf）．

八木信行（2013）：福島県漁業の復興に向けた課題と長期ビジョン，日水誌，79(1)，88-90．

八木信行（2009）：水産物の国際貿易と資源保全，水圏生物科学入門（会田勝美編），恒星社厚生閣，pp.234-238．

八木信行（2011）：食卓に迫る危機・グローバル社会における漁業資源の未来，講談社，184pp．

7章

放射性物質のリスク計算

—————— 松田裕之・梶　圭佑

7・1　予防原則[注1]とリスク

1）土壌汚染と海水汚染の違い

　今まで見てきたように，東京電力福島第一原子力発電所（以下，福島第一原発）事故による食品の放射能汚染の主要な核種はセシウム 137（^{137}Cs）とセシウム 134（^{134}Cs）です．これもすでに説明されたように，海水中の主要な汚染の一つは大気由来ですが，これは主に太平洋に広く拡散してから降下しています．福島と東北近海の水産物にとって深刻な汚染源は，上記に加えて福島第一原発施設から直接漏れ出た汚染水です．主要な汚染源は 2011 年 4 月 6 日に塞いだ 2 号機取水口付近のピットの亀裂からの汚染水でした．塞いだ当初は他にも流れ出る経路があると私たちも心配しましたが，その後の原発施設周辺の汚染濃度からわかったように，その後の流出量は 3 桁以上減りました．つまり，主要な汚染源は，震災直後の 1 号機，4 号機，3 号機の水素爆発[注2]および容器配管の損傷，炉内圧力を低下させるために行ったベント操作などによる大気への放射性物質

[注1]　予防原則：precautionary principle，化学物質の安全性や環境の保護に関して，ヒトに重大な有害性や不可逆的な被害を与える可能性がある場合に，その有害性の因果関係が科学的に証明できない場合にも，予防的に規制をしたほうがよいと判断できれば，規制措置を取るべきだとする考え方．日本の国内法に用いられている未然防止（preventive principle，関係が科学的に証明されており，リスク評価の結果，被害を避けるために未然に規制を行う）よりはより安全側に軸足をおいている．リオデジャネイロ宣言では，「・・・重大あるいは取り返しのつかない損害の恐れがあるところでは，十分な科学的な確実性がないことを，環境悪化を防ぐ費用対効果のたかい対策を引き延ばす理由にしてはならない」（第 15 原則）としている．「予防原則」は定義が必ずしも統一されていないが，リスクアセスメントの重要性や費用対効果という考えかたを否定する考えではない．そういう意味では「疑わしいものをすべて禁止する」という極論とは異なる．そうした誤解を避けるために，予防的取組（precautionary approach）という言葉が使われることもある．

[注2]　水素爆発：気体の水素が酸素と急激に反応して起こす爆発のこと．福島第一原発の場合は，高温のため水蒸気となった水が，燃料被覆管のジルカロイが高温化で水蒸気と反応して水素が発生したと考えられる．水素原子の核融合による爆発ではない．

の放出とその後の2号機からの汚染水の大量流出によるものであり，亀裂を塞いだ後の2011年6月から2012年9月までに流れ出た量は，事故当初の流出量の1%以下と計算されています（神田，2014）．亀裂を塞いだ後は，福島第一原発港湾内を除けば付近の海水の汚染濃度は，確実に下がっています．

　次に半減期の話をします．本章で問題にする半減期には，物理的半減期と生物学的半減期があります．物理学的半減期とはある放射性物質が崩壊して別の物質に変わり，元の物質が半分に減るまでの時間です．セシウム137（^{137}Cs）とセシウム134（^{134}Cs）の場合，それぞれ30年と2年です．これらは最終的にバリウム137（^{137}Ba）およびバリウム134（^{134}Ba）になりますが，いずれも安定同位体です．この物理的半減期はセシウムが化合物[注3]であっても，単体で土や水や生物の中にあっても変わりません．つまり，放射性セシウムを処理しても，放射能がなくなるわけではなく，ある場所から別の場所に移すだけです．

　福島第一原発事故の場合，事故直後には，汚染源の中にセシウム137（^{137}Cs）とセシウム134（^{134}Cs）は同じくらいずつあったと考えられています．半減期が8日と短いヨウ素138（^{138}I）も流れ出たようですが，半減期が短いために大きな問題にはなりませんでした．

　生物学的半減期とは，放射性物質が魚や人体に取り込まれたあと，新陳代謝により体外に半分が排出される時間のことです．ストロンチウム（Sr）はカルシウムと生理的・化学的挙動が似ているので，もし体内に吸収されれば，骨に蓄積し，長く生物体内に留まります．そのために放射性ストロンチウム（Sr）は放射性セシウム（Cs）よりも危険だという考えもあります[注4]．福島第一原発事故の場合，放射性ストロンチウム（Sr）の放出量はセシウム（Cs）の1/100程度だと推定されています．海への漏出量としては，ストロンチウム（Sr）などβ線を放出する放射性物質が最大1リットルに8×10^7Bqの濃度で，520トンぐらい漏出したと推定されています．この量は，50メータープールぐらいの水量です．これに対して，福島第一原発の港湾施設（防潮堤の内側）の面積は，地図で見る限り，2.5×10^5m^{2}はありそうです．面積だけでも，500倍以上の大きさです．水量としてもっと大きいでしょう．その外側には，さらに広大な

[注3] 化合物：2種類以上の元素が化学結合してできた物資．

[注4] ただし，生物種によるが，Srは吸収がよくないので，生物が他の生物種を食べるという関係から，食物連鎖の高次段階の生物に，高濃度の汚染物質が蓄積されるという生物濃縮は，魚においては起こりにくい．

海が広がっています．イワシの骨への蓄積は微々たる物です^{注5}．それでも，上位捕食者であるマグロの骨にはたまるかもしれませんが，マグロの骨はあまり食べられないでしょう．

　セシウム（Cs）は魚や人体の筋肉にいったん取り込まれたあと，排出され，その生物学的半減期は 30 日程度といわれます．そのため，食物連鎖による生物濃縮は，水銀やダイオキシン^{注6}ほど大きなものではありません．それでも，魚

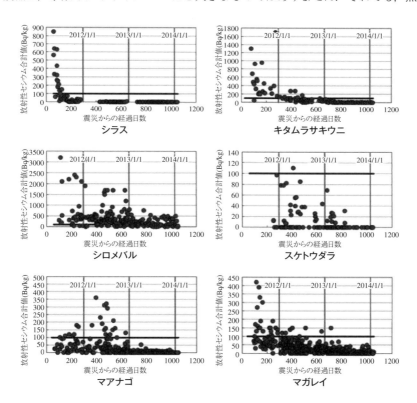

図7・1　各魚種（福島沖）の放射性セシウム濃度の変遷（福島県，2014）検出限界以下は 0 と表示．

---

^{注5} 2011 年 8 月 30 日に発表された水産庁のデータによれば，マイワシ（2011 年 6 月 22 日採集）およびカタクチイワシ（2011 年 5 月 26 日採集）では，ストロンチウム 89（^{89}Sr），ストロンチウム 90（^{90}Sr）ともに未検出で，検出下限値（0.03Bq/kg）以下である．

^{注6} ダイオキシン：ダイオキシン類の定義は一定しないが，塩素で置換された 2 つのベンゼン環をもつもので，似たような毒性を示す物質．塩素を含むものの燃焼や農薬などの化学物質を作る際に不純物として生成される．

種によっては，長く汚染が検出され続けた魚種があります（図7・1，7・2）．これらの魚種では取り込みが長く続いたと考えられます．

　土壌中の放射線量は，セシウムが流されなければ，セシウム134（^{134}Cs）は2年ごとに半減し，セシウム137（^{137}Cs）は30年ごとに半減します．両方合わせた被曝線量が半分に減るのに6年かかります．汚染された土壌が動かず，土壌の汚染量のみによって農作物の汚染量が決まるとすれば，農産物の場合，土壌の汚染量が半減すれば，おおよそ，そこから育つ農作物の汚染量も半減すると考えられます．

　海水中の濃度は土壌と異なり，第5章で説明したように，拡散します．ですから，その海水中で育つ魚の汚染量は農作物より早く減ると思われるかもしれません．しかし，それは魚種によります．海底中の土壌は，陸上と異なり，動いています．一般化は難しいのですが，特に河口付近では海水と淡水が混ざり合って流れが複雑で，河川から流れ込む汚染された土壌が狭い範囲で蓄積し，その海底に生息する底魚の汚染濃度が，原発事故直後よりも，1年後に汚染濃度が高くなることはありそうです．図7・1のマアナゴはそのような例かもしれません．もちろんこれは，事故後経過時間が長くなってから汚染濃度が高くなる魚の汚染メカニズムについての一つの仮説ですから，今後，魚の食性や生態などを視

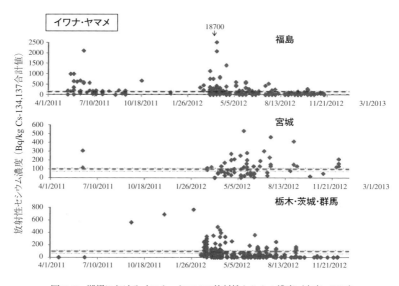

図7・2　湖沼におけるイワナ・ヤマメの放射性セシウム濃度（山本，2013）

野に入れて，汚染メカニズムの検証が必要になるでしょう．実態としては，マアナゴは事故から2年後には100Bq/kg以下になり，今ではほぼ検出限界以下に減っています．

　他方，表層近くに住むイカナゴ（小女子）のような浮魚は，事故直後の漁獲物から14,000Bq/kgを超える極めて高い汚染濃度が検出されたものの，2カ月以内に濃度が急速に下がり，検出限界以下になりました．同じようにシラスも事故後3カ月ほどで100Bq/kg以下になり，1年で検出限界以下になりました（図4・6）．中層に棲むスケトウダラは，一時期100Bq/kgを超える標本が見つかりましたが，事故から3年後には検出限界以下になりました．事故直後にはマガレイやキタムラサキウニはかなり高濃度に汚染されていましたが，事故から3年後には検出限界以下になりました．他方，図7・1のシロメバルは，事故から1年後ほどではないものの，依然として100Bq/kgを超えています．このように，魚種によっては，事故から3年を経てもなお利用できないものがあります．似たような魚種でも，傾向は微妙に違います．詳細な情報は，福島県のウェブサイトや水産庁のウエブサイトで入手可能です[注7]．

2）福島第一原発施設付近の濃度

　事故直後より少ないとはいえ，福島第一原発施設からは，今でも汚染水が漏れ続けています．施設の前の湾内の土壌の汚染濃度は極めて高く，そこから取れる魚の汚染量もやはり極めて高いことがわかっています．図7・3に示すように，同じアイナメでも，原発港湾内の濃度は事故から3年後でも極めて高い濃度です．すなわち，魚の放射性物質濃度は，種による生態の違いだけでなく，福島第一原発からの距離によっても異なります．

　さらに，農産物と異なり，魚は自ら泳いで移動することができます．ですから，この汚染された魚が湾外に出て，離れたところで漁獲される可能性はゼロではありません．事実，2012年8月の東電による調査試料で，今までに1尾だけ極めて高濃度に汚染された魚がありました．これは施設付近で汚染された個体が移動したものかもしれません．

　その後，施設付近の魚が移動して漁獲されるリスクを少しでも減らすために，

[注7] これらに関する詳細な情報 (Excel ファイル) は，福島県のホームページ，http://www.pref.fukushima.lg.jp/sec/37380a/gyokai-monitoring.html，水産庁のホームページ http://www.jfa.maff.go.jp/j/housyanou/kekka.htm で入手可能．

東電は福島第一原発の港湾内にフェンスを張り，汚染土壌を除去し，湾内の魚を駆除しました．しかし，湾には今でも作業のために船が出入りしますから，魚の移動を完全にブロックすることは不可能です．リスクをゼロにすることはできませんが，少しでもリスクを減らすために，かなりの努力をしました．幸い，その後は，港湾内以外から高濃度汚染の魚は検出されていません．

さて，後でまとめて整理しますが，原発事故を巡っては様々な論理の「すれ違い」・混乱が起きています．まず，「汚染水が完全にブロックされているかどうか」ということと「対策が奏功していない」ということは別の話です．対策が有効であったとしても，完全にはブロックされないかもしれないし，仮に完全なブロックが不可能であったとしても，より有効な対策を講じることを否定すべきではないでしょう．同様に，私たちはこの章を通じて，「発がんリスクがそれなり

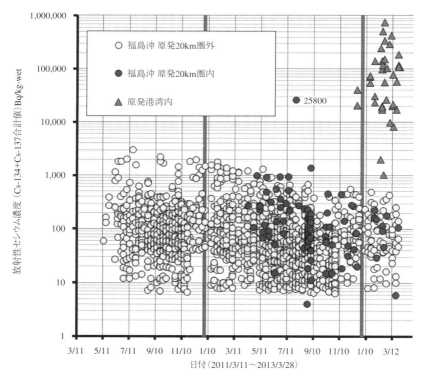

図 7・3　福島第一原発付近で採集されたアイナメの放射性セシウム濃度（2011 年 3 月 11 日～ 2013 年 3 月 28 日）（水産総合研究センターら，2013）

に低く抑えられている」と結論付けますが，だから「原発事故はたいしたことがない」というつもりはありません．避難者と農水産業への影響は，事故から 3 年たった後も極めて甚大です．

7・2　内部被曝線量と発がんリスクの関係

1）発がん率は累積被曝線量で決まる

　第 2 の問題のすれ違いは，基準値を超えた魚があることと，その魚を食べることが本当に危険かどうかは別の話だということです．これは被曝線量と発がん率の関係を見ればわかることです．基準値を超えていなければ完全に安全で，少しでも超えていれば危険であるというものではありません．最も大事なことは，被曝量を正確に知り，被曝を安心できる程度に減らすということでしょう．基準値を超えた魚を食べればただちに発がんリスクが生ずるのではありません．生涯の，あるいはたとえば 1 年あたりの累積被曝線量で決まります．累積被曝線量と発がん率の関係には，まだわからないことがありますが，1999 年の東海村 JCO 臨界事故で急性障害を起こされた作業員のような場合を除いて，累積被曝線量だけが問題になります．どの部位のどんながんを心配されるかによりますが，福島原発事故がもたらしたものの中で，半減期が短く短期的被曝のリスクが大きいと考えられるヨウ素 131（^{131}I）による甲状腺がんのリスクを除くと，リスクの高い放射性セシウム（Cs）による固形がん[注8]発症率については，外部被曝と内部被曝の長期的な累積値が問題です．

　2014 年 3 月に，福島の子供に甲状腺がんが多く発見されていると報道されました．しかし，福島は他地域と比べて検査が厳密であることと，がんが発見された被験者の年齢とがんの進行速度の比較から，原発事故による放射線被曝が原因とは考えにくいことなどから，福島県立医科大学ふくしま国際医療科学センターは，これをただちに原発事故と結びつけてはいません（福島県民健康管理センタ，2014）．環境省総合環境政策局環境保健部も，この見解を引用し，上記報道を「事実関係に誤解を生ずる恐れもある」とする見解（環境省総合環境政策局環境保健部，2014）を公表しています．

　ここにも第 3 の問題のすれ違いがあります．科学的にわからないことがある

[注8]　固形がん：骨髄などの造血器に生じるがん以外のがん．胃，肺，大腸，肝臓，乳房，子宮など形のある臓器に発生するがん．

ことと，わかっている部分まで信じないことは別のことです．たしかに，他地域の既存の調査より多くのがんが検出されたことは心配ですが，この問題についての上記の専門家の見解はその根拠となる事実に基づく見解であり，情報の恣意的操作ではありません．その見解の妥当性に関しては，新たな研究成果も加えて，今後の経緯を見ながら検討していくべきです．

2）基準値の決め方

　1986年のチェルノブイリ原子力発電所事故以後，我が国は輸入品については暫定限度値を決めて放射性物質を含む食品の輸入を規制してきましたが，福島第一原発事故がおきたときには，我が国で生産される食品については，法的根拠に基づく規制がありませんでした．そこで，事故後2012年3月までは，1998年に原子力安全委員会が策定した「飲食物の摂取制限に関する指標」をもとに500Bq/kgという暫定規制値を定め，通知によって食品安全法の規制対象として準用する一方，厚生省食品安全委員会で議論して基準値を決める作業を行いました．その結果，水産物については100Bq/kgという極めて厳しい基準値が答申され，その後のパブリックコメントを経てもこの値は覆ることなく，2012年4月1日以後，食品衛生法の下に食品に対する放射性物質に対する規制が法的に行われることになりました．

　この基準値の決め方にはいくつか問題があると思いますが，まず，どのような考え方でこの基準が決められたのかを理解しておくことが必要です．その中で重要な2点について，順を追って説明します[注9]．

　放射線被曝は，ある基準値以下ならばリスクがゼロになるということはありません．これを「閾値がない」といいます．ですからある被曝線量以下なら安心してよいものではありません．内部被曝量が0.9mSvの場合と1.1mSvの場合で，前者が安心で後者が不安というものではないでしょう．放射線の健康リスクに閾値がないことはほとんどの専門家が支持するでしょうが，被曝量と発がん率が比例関係にあるという仮定は，あまり支持されないと思います．免疫

[注9] 松田はこの説明を広尾にある欧州議会ハウスで，2013年8月30日に欧州議会の議員団の前で行った．その際には，日本海洋学会の植松光夫氏が総論を述べ，気象学会員の青山道夫氏が海洋汚染の実態を説明，東京海洋大学の神田穣太氏が魚の汚染レベルを説明し，最後に松田がそれによる健康リスクについて説明した．同年9月12日に同じ場所で欧州など各国大使の前で同じ話をした．その時には水産庁から森田貴己氏も説明に加わった．質疑の内容から，この説明は概ね理解されたものと思われる．

機能などを考えれば，比例関係ではなくて，被曝量が半分になれば発がん率は
半分未満になると考えるのが自然だと思います．さらに，少量の放射線はむし
ろ浴びたほうがよいという，全く逆の主張もあります．これを「ホルミシス効果」
と言います．

　ホルミシス効果というのは，放射能泉よりも高い被曝線量でもよい効果をも
たらすという主張です（原子力技術研究所　低線量放射線研究センター，
2006）．ショウジョウバエなどの動物実験によっても，それが裏づけられている
そうです．しかし，その真偽には異論があるようです．

　ホルミシス効果の動物実験よりははるかに被曝量は低いですが，ラドン温泉
やラジウム温泉というのは，放射線を浴びることを売り物にしている観光地です．
たとえば，あるラドン温泉の効能には図7・4のように書かれています．また，
2014 年 5 月 1 日に新装開業した福島県内の公衆浴場にも，一つの浴槽に「温泉
母岩セラミック」を使っていて，その効能として「天然イオンマイナス効果，さ
らにホルミシス効果，遠赤外線効果，アンチエイジング・デトックス効果の 4 つ
の効果が期待されます」と説明されています．

　図7・4 に書かれていることは，ラドンの化学物質としての効能ではありません．
ラドンが放射性物質であるがゆえに活性酸素を生じ，それが生化学的に健康に

【ラドン温泉の効能】

放射能泉を利用する際に，どのような仕組みでその効果が現れるのでしょうか。
近年の研究において，徐々に科学的解明がなされつつあるのは，放射性分解によっ
て生体内に生じた少量の活性酸素が，解毒，細胞代謝，ミトコンドリア内でのエネル
ギー変換，酵素などのたんぱく質や生理活性物質の生合成などの種々の過程に刺
激として作用した結果と考えられています。

温泉治療に利用されている放射能泉は，ラドンとその崩壊生成物により生じた活性
酸素種が，身体の細胞や組織に複雑な生化学的作用を及ぼし，各種器官の動きを
活発にするといわれています。

その効果は，臨床医学的に自律神経の鎮静，ホルモンや代謝異常の調整，鎮痛，消
炎作用ということができる。α線には神経細胞の酸素消費量を下げて沈静化させる
作用があるため，放射線浴はリウマチ，関節炎，筋肉痛，神経炎等の痛みを和らげる
効果があります。

適当量のラドンが温泉に混入すると，強力なイオン化作用により人体の生理的代謝
作用が促進され，老廃物の排出効果とともに，鎮静作用を持ちます。そのため，ラジウ
ム温泉は自律神経の調整，消炎，抗アレルギーの効果があるとされています。

図7・4　あるラドン温泉の効能

よいと説明しています. そして, その源泉の放射線量は 0.32 μSv/h だそうです. 入浴時間は長くても2時間にはならないでしょうから, 成田とニューヨークを飛行機で往復したときの被曝量の約 0.15mSv に比べて3桁低いと言えるでしょう. 重要なことは, 放射線が健康によい活性酸素を生じると説明し, 悪影響については問題にしていない点です.

被曝量と発がんリスクが比例関係になく, 下に凸の非線形関係にあるとして, ではどの程度下に凸なのかはよくわかりません. どのような曲線を引くかによって, 発がんリスクは大きく異なります. 原理的に下に凸だという仮説が正しいとしても, それだけでは発がんリスクを定量的に推測することはできません.

基本的には, 年間被曝線量が 10mSv の場合, 10万人あたり 114 人ががんにかかると推定されます. この数字がどの程度確かかといえば, 残念ながら, それほど確かなものとは言えません. もともと, 図7・5 に示したように, 約 30mSv から 1,800mSv までの様々な観察例から比例係数を推定したもので, 観察値の推定誤差もかなり大きなものです. しかも, 繰り返しますが比例関係にあるという確証はありません. 100mSv 以下の低線量被曝の場合の観察例はわ

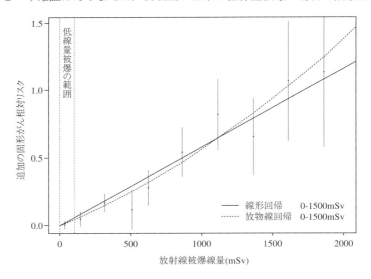

図7・5 被曝放射線量とそれによる固形癌の相対リスクの関係. 個々の点は観測値でそれを貫く縦棒は測定誤差. 直線は1500mSvまでの直線回帰式, 点線は放物線回帰式 (Committee to Assess Health Risks from Exposure to Low Levels of Ionizing Radiation; Board on Radiation Effects Research (BRER); Division on Earth and Life Studies (DELS); National Research Council (2006)).

ずかであり，この図から，低線量被曝の健康リスクを計算しても，その精度が高いとはいえません．

「実証されていないリスクは気にしない」という立場に立つならば，100mSv以下の被曝は気にしなくてもよいでしょう．しかし，「安全性が実証されない限りリスクを避けたい」という人もいるでしょう．いずれにしても，その摂取を避けるために要する労力やストレスのほうが深刻かもしれません．

日本人は 10 万人あたり毎年約 300 人ががんにかかってなくなっています．学術会議議長だった金澤一郎さんは，2011 年 6 月 17 日公表の談話で，被災者10 万人のデータを集めても，統計学的に[注10] 発がん率が増えたとはわからないだろうと説明しています（金澤，2011）．

科学的にいえることは，まず，実際の被曝線量がどの程度か，次に被曝線量と発がん率など健康リスクの関係です．もう少し視野を広げると，以下の 2 点も事実に基づいて議論することができます．まず第 1 に別のリスクと比べて基準値の決め方が一貫しているかどうか，第 2 にその基準を実施する際に別のリスクや便益（裏返せば費用）との関係です．たとえば，死亡率を基準に取ったとき，放射線被曝によるリスクのみを大写しに問題にするのではなく，食品添加物による発がん率の基準値と同じ程度の基準値を選ぶことが，第 1 の考え方

注10　統計学的：一般的に使われる t 検定，F 検定のような分散分析や，χ二乗検定のような検定では，大きさ・色・病気の有無のように個体ごとに異なる変異をもった個体からなる複数の集団（母集団）を考える．そうした集団について，サンプルとしてとられ複数の集団（サンプル集団）が，違いのない同じ集団からとられたものか，異なる母集団からとられたものかを検定している．同じ母集団から得られたのであれば，比べようとする集団の特性を表すデータ（たとえば身長の平均値）は，サンプル集団の間であまり違わないはずである．大きく違っていれば，サンプル集団は，その集団ごとに異なる母集団から選ばれたものだと判断する．このような判断を「統計的に有意」であると表現する．しかし，サンプルは無作為に選ばれているのだから，たとえ同じ集団から選ばれていても，サンプル集団の特性は，確率的に変動して同じ値にならないので，同じ母集団からとったサンプル集団の間にも，平均値の違いが観察されるはずである．しかし，サンプルの中に含まれる個体の数を増やしていけば，この値は母集団がもっていたもともとの値（たとえば母集団の身長の真の平均値）に近づくはずであり，サンプル集団間の違いは小さくなる．つまり，サンプルの中に含まれる個体の数によって，ある信頼性の範囲で，サンプル集団の違いがどのくらい大きければ，「統計的に有意」に違っていると判断してよいといえる違いの大きさが決まる．この場合は，10 万人を調べたとしても，被災者のサンプル集団と被災者でない人のサンプル集団の発癌率の差が，それらが発癌率の同じ発癌率の母集団から選ばれたのではないと結論できないくらい小さな差であろう．けれども，だからといって，差がないと言っているわけではない．統計的には差があると判断できないから，本当に差があるかないかがわからないということである．

です．次に，放射線リスクを避けることと，避難場所でストレスを感じたり，転職を強いられたりすることで別のリスクを被ることも考慮するというのが，第2の考え方です．このように，複数のリスクを比較し，一方のリスクを避けると他方のリスクが増す関係にあるという関係をリスクトレードオフといいます．また，リスクと経済的便益や費用と比べることをリスク便益分析といいます．後者は，費用と便益を比べる費用便益分析，費用とより一般的な効果を比較する費用効果分析などと似たような考え方です．

3）食品の基準値の決め方

　国際放射線防護委員会（ICRP）の基準には，平常時の計画被曝[注11]と事故が発生した緊急時の被曝を分けています．俗に，原発政策は事故が起きないものと想定した「安全神話」があるといわれますが，むしろ，原発政策には過酷事故が起きた時の対策がしっかりと書き込まれています[注12]．他の政策では必ずしもそうではありません．たとえば，2014年3月に北海道でヒグマ保護管理計画が改定されました．ヒグマと人が共存する以上，人がヒグマに襲われて死傷する事故を完全になくすことはできません．死傷者の数を今まで以上に増やさないことが必要でしょう．しかし，数年間で数人程度に抑えることなどと具体的な数字を書くことはできませんでした．さらに，それを維持できない状況が生じた時にどうするかは，公式の場では検討さえされていません．リスクは0ではありません．実際に起こるかどうかは別にして，起こる可能性のあるリスクに対しては，それが実際に起きたときにどのように対処すべきか，あらかじめ議論しておくことが必要です．

　ただし，原発行政でも，日本においては，過酷事故が起きた場合の対策が公式に議論できない状況にあります．安全神話は原発そのものの問題ではなく，原発以外のリスク管理も含めた日本の環境行政全体の問題といえるでしょう．

　現在でも，再稼働の基準として，大地震が起きた場合に耐えられるかなどのストレステストが，東日本大震災前と比べて厳重に課せられています．しかし，過酷事故が起きた場合の避難手順については十分に検討されていません．今に至るまで，事故が起きないようにする努力がされる半面，事故が起きた時の対策が欧米諸国に比べて足りません．過酷事故が起きる可能性に少しでも当局が

[注11] 計画被曝：Planned exposure：管理された条件下で，あらかじめ定められた許容限度内の被曝
[注12] たとえば，原子力災害対策特別措置法

触れると，あたかも事故を前提とした政策であると手厳しく報道される恐れがあります．安全神話に縋り付いているのは，当局だけでなく，報道も同じでしょう．ここに第4のすれ違いがあります．すなわち，「できるだけ安全を目指すこと」と「万一の過酷事故に備えること」は両立し得ることです．

　さて，基準値の話に戻ります．本来，ICRP には計画被曝と緊急時被曝の区別がありました．原発事故などがなくても，日常生活の中で放射線被曝は避けられません．これを計画被曝といい，①職業被曝と②医療被曝に分けられます．一方，事故が発生し，さらに再臨界などの重大事故が発生する恐れがあるときは，緊急時とされます．福島第一原発事故がまさに緊急時であり，住民の被曝は緊急時の③公衆被曝に当たります．

　ICRP（2007）が勧告する平常時（計画被曝状況）における上限値は，医療被曝・自然放射線被曝を除いて年間 1mSv とされています．緊急時の基準は「緊急時被曝状況及び現存の制御可能な被曝状況に適用」される参考レベルであり，「その値は，被曝状況をとりまく事情に依存」するとされています．つまり，明確な数字を定めていません．ただし，100mSv より高い線量では，確定的影響の増加，がんの（統計的に）有意なリスクがあるため，年間 100mSv を超える基準値を設けるべきではないとしています．実際には，緊急時の公衆被曝の基準値は年間 20 〜 100mSv としています．この公衆被曝の参考レベルは，被曝低減に係る対策が崩壊している状況に適用されます．

　私たちが食品の放射能汚染基準値の議論で期待したことは，緊急時において実行可能な安全基準を，どのような考え方に基づいて決めるのかということでした．汚染が続いている状態では，平常時の考え方で基準値を定めても，達成できないものが多々出てきます．ですから，一歩退く形になっても，緊急時にはその状況下において確実に実施・達成可能な基準を考えなくてはならないでしょう．

　平常時の基準は，リスクを回避する最大限の数字ではありません．汚染は少ないほどよいのですから，実行可能な範囲で極力低く定め，皆がそれを守るようにしています．ですから，基準値以下であれば全くリスクがないわけではないし，基準値を超えれば「ただちに危険といえる状態」でもありません．よく言われることですが，たとえば食品中のヒ素の基準値は欧米と日本で異なります．欧米の基準をそのまま適用すると，日本の米には欧米の基準値を超えるものが多々出てくると懸念されます．育てる土壌の違いからか，米国産の米はそれほ

ど汚染されていませんから，厳しい基準値でも支障ありません．別の例では，ク
ロマグロの水銀含有量は，日本の他の水産物の基準値さえ満たしていません．し
かし，嗜好品として認められています．その理由は，毎日食べるものではない
ということです．健康リスクは，基準値を超えた食品を食べた回数ではなく，総
被曝量に左右されるという原則からみて，この考え方は妥当といえるでしょう．
それならば，後で議論するように，福島の魚の基準ももっとずっと緩くてもよかっ
たはずです．

　逆説的に言えば，平常時の基準は，そこまで汚染していてもよいという基準
です．計画被曝という言葉の語感に近いでしょう．そして，皆がその基準を守っ
ていれば，基準値ぎりぎりまで汚染されていても，所期の目的である 1mSv と
いう食品からの内部被曝の限界を守ることができるという意味で，国民の健康
を維持することができるのです．

　政府も新聞も，皆，原発事故の悪夢から逃れたいのかもしれません．しかし，
残念ながら影響はずっと続きます．基準を厳しくしても，食品の汚染がある確
率で起きるという事実は変えようがないのです．これが第 5 のすれ違いになり
ますが，「原発事故が再臨界の危機を脱している」ということと「原発事故が収
束して事故前と同じ基準で生活や産業活動ができる」ということは，全く別の
ことです．前者は事故後 1 年以内にほぼ達成されたと思いますが，後者が実現
していないことは明白です．私たちはその事実を受け止めて生きなければなら
ないのです．それにもかかわらず，平常時と同じ食品基準を決めてしまいました．

　食品基準値の第 2 の問題は，実際の食事による食品からの内部被曝量と基準
を決めた時の前提が，あまりにもかけ離れていることです．放射性セシウム（Cs）
の食品基準値の場合，全食品の半分が基準値ぎりぎりまで汚染され，残りの半
分が全く汚染されていないという前提で計算されています．その場合に，1 年間
の被曝線量が 1mSv 以下になるように基準値を定めています．全食品の半分が
基準値ぎりぎりまで汚染，残りが全く汚染していないという基準値の決め方は，
かなり無理のある仮定だと思います．放射性セシウム（Cs）の場合，一般の食
品はほとんど汚染されていませんから，残りが 0 という考えはよいかもしれま
せんが，福島でも，食べるものの半分が基準値ぎりぎりまで汚染された食品で
ある人はいないでしょう．そのような前提とするならば，せめて，検査した標
本から一つでも基準値を超えてはいけないとするのではなく，たくさんの標本
の平均値が基準値を超えていなければよいとすべきだったかもしれません．

　図7・6は，陰膳調査といって，各家庭の食事を食べる人より1膳多く作って
もらい，それを試料として放射性物質量を測定したものです．ほとんどの家庭
の食卓で，放射性セシウム（Cs）は測定限界以下であり，わずかにAYさん宅
とBYさん宅からしか検出されていません．代わりにすべての家庭の食卓から
検出されたものは自然に含まれるカリウム40（^{40}K）でした．これはベクレル単
位で，シーベルト単位にすると放射性セシウム（Cs）はベクレル単位の2倍に
評価すべきですが，それでも放射性セシウム（Cs）の摂取量は微々たるものです．
　放射線は自然界にもあります．よく言われているのは，自然被曝と同程度ま
での人為被曝を許容しようという考えです．しかし，これでは合計の被曝量は2
倍になり，LNT仮説[注13]を信じれば発がん率も2倍になります．それを避けた
いという主張は理解できます．しかし，図7・6を見るとわかるように，カリウ
ム40（^{40}K）からの自然被曝に比べて放射性セシウムからの被曝量は自然被曝の
変動幅よりもはるかに低いと言えます．つまり，AYさんやBYさん宅の食事

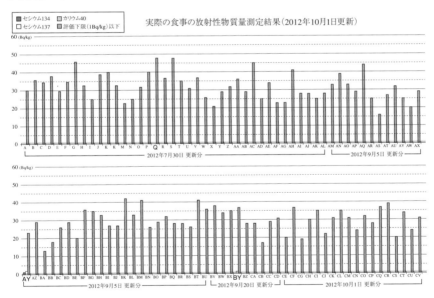

図7・6　「コープふくしま」による福島県の陰膳調査による多くの家庭の食品の放射性物質量濃度．家
　　　　庭ごとに左からセシウム134（^{134}Cs），137（^{137}Cs），カリウム40（^{40}K）の量で検出限界はい
　　　　ずれも1Bq/kg（コープふくしま2012）

[注13]　LNT仮説：Linear Non-Threshold仮説．閾値なし仮説．放射線の被曝量とその影響の間には，
　　　閾値がなく直線関係が成り立つという考え方．

を避けるよりも，Q さん宅をはじめとする半分以上の家庭の食事を避けるほうが，被曝線量はずっと低くなります．これほど微々たる内部被曝は問題にならないでしょう．

　これもよく言われることですが，東京での外部被曝を心配して大阪に移住すれば，自然放射線による外部被曝量が逆に増えてしまいます[注14]．また，2012年 11 月 19 日の朝日新聞によれば，青森，長野，山梨，静岡など 10 県の野生キノコから基準値を超える放射性セシウムが検出されました．しかも，その核種は半減期の長いセシウム 137（^{137}Cs）で，セシウム 134（^{134}Cs）は検出されなかったそうです．報じた朝日新聞も，これは福島第一原発事故の影響ではなく，1960 年代の核実験由来のものと推測しています．つまり，私たちは，今までは普通に売られ，食べていたものまでもが，原発事故以後は気にするようになってしまったということです．

　朝日新聞と京都大学が行った同様の調査によれば，1 年あたりの食品からの内

図 7・7　実際の内部被曝量が極めて低いことを報道する朝日新聞（東京）2012 年 1 月 19 日 1 面の記事．

[注14]　花崗岩は放射性物質を多く含む．花崗岩が多い地域では自然被曝が多くなる．

部被曝量は，福島の家庭でも中央値で年間 0.04mSv，26 家族の中の最大値でも年間 0.1mSv 以下でした（図 7・7）．これは厚生省が目標とした年間 1mSv よりはるかに低いものです．さらに，この分析では最大値の家庭は毎日最大値の食品を食べ続けると仮定していることになりますが，各人の食卓も毎日毎度変わるでしょうから，最大値に関しては，被曝線量はある 1 日の食卓を 365 倍したものではなく，おそらくそれより低いでしょう．

　つまり，基準値を決める際の，食品の半分が基準値上限まで汚染されているという仮定は，実態とあまりにもかけ離れたものであり，実際には福島第一原発事故による食品からの放射線被曝は無視できるほど小さいもので，図 7・7 にみるように，年間 1mSv 以下という所期の目的より極めて低い水準でした．緊急時においては，その条件で実行可能な規制を考え，それを確実に実行する方が，いたずらに基準の数値だけを厳しくするよりも，安全性が高まるかもしれません．その中には，基準を緩めてしっかりと規制するという選択もあったはずです．それにもかかわらず，極めて厳しい基準値を設けてしまい，福島周辺の農水産業は決定的な影響を受けてしまいました．

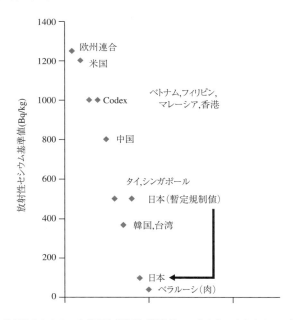

図 7・8　各国の放射性セシウムの食品安全基準値（湿重量 1kg あたりのセシウム 134 と 137 の濃度の合計値）

4）欧米諸国との基準値の比較

100Bq/kg という基準値は，平常時の基準値としても，他国よりもずっと厳しいものです．日本が震災直後に暫定規制値とした500Bq/kg は，欧米や国際食品規格委員会（CODEX）の基準よりもすでに厳しいものでした．基準値ではそれをさらに引き下げました．

既に述べたように，国によってどこまで厳しい基準でも産業活動に支障がないかは異なります．放射線の健康リスクだけから見れば基準値は低いに越したことはなく，実行可能な範囲で低く抑えることはどの国でも行われることです．けれども，日本の基準値は世界有数の低い基準値になっています（図7・8）．年間1mSv という健康のための目標はとっくに達成できているにもかかわらず，食品の汚染頻度を非現実的な仮定にしたうえで極めて厳しい基準となったのです．

チェルノブイリ原発事故の後，欧州でも似たような問題が生じました．すなわち，基準値を超える食品が多々出たのです．オスロ大学のオートン博士によると，1986～87 年度において，トナカイ肉では15万，羊ラム肉で4万，淡水魚で3万，ヤギ乳で1,350，キノコで1～2,000，牛乳で650Bq/kg の汚染が各品目の最大値として検出されたそうです．それまで，一般食品の基準値は600Bq/kg だったそうですが，トナカイ，キノコ，淡水魚については6,000Bq/kg に基準値を引き上げたそうです．これらの食品はノルウェー人にとって日常的に食べる食材ではなく，基準値を緩和しても内部被曝レベルは十分に基準値に収まっていると言えるでしょう．

逆に，ベラルーシの基準値は日本より厳しいものです（図7・8）．これは，許容される内部被曝量の差というよりは，汚染された食品を食べる頻度の違いと考えられます[注15]．日本は事故のあった当事国ですから頻度が高いと考えたのかもしれませんが，上記のように実際には福島の食卓でも放射性セシウムが検出されることはまれです．

[注15] 我が国の基準を決めた際の考え方，外国に基準との比較については，NHK「かぶん」ブログに開設がある．http://www9.nhk.or.jp/kabun-blog/600/115810.html

7·3　水産物はいつまで売れないのか

1）東北地方太平洋岸の水産物

　東日本大震災以来，基準値を超えた魚が漁獲されたことにより，多くの地域と魚種で，操業自粛，出荷制限に追い込まれています．マダラについて言えば，北海道では一度も操業が途絶えていませんが，青森県および岩手県の一部および宮城県では一時期操業自粛や出荷制限措置がとられました．茨城県では2012年11月9日以来，そして福島県では2011年6月24日以来，2014年3月末現在に至るまで，出荷制限が続いています．

　震災直後からのデータは必ずしも多くはないですが，図7·9の宮城県を見ればわかるように，震災後半年間よりも，そのあとのほうが濃度が高くなっているようです．基準値が500Bq/kgならば出荷制限にはならない濃度ですが，100Bq/kgを超える個体が，全国各地で出ています．いったん1個体でも基準値

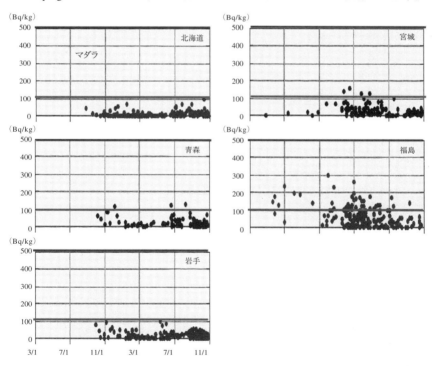

図7·9　マダラの放射性セシウム濃度（2011年3月〜2012年11月．森田貴己氏より）

を超えると，その後1カ月間の標本がすべて基準値以下であり，かつ統計誤差を考慮しても基準値を超える心配がなくなる場合でない限り，操業自粛は解除されません[注16]．

2）宮城県のマダラ

ここではマダラを例に説明します．マダラは震災後，放射性セシウム（Cs）が基準値を超えて出荷制限などの影響を受けています．マダラは北太平洋に生息し，北は北海道，南は茨城沖まで分布しています．例年1〜3月に産卵するため，漁業としては，産卵時期が終わる前の12〜2月が盛んになります．特に白子と卵が美味で（タラコや明太子はスケトウダラの卵です），精巣や卵巣をもった大きいサイズのマダラが市場では比較的高価になります．つまり，産卵時期である年末に魚価が高くなります．

ところが，震災後，宮城県のマダラは2011年4月18日に出荷制限され，2012月8月30日に出荷制限が一部解除され，2013年1月17日に全ての出荷制限が解除されました．これらの出荷制限，操業自粛が実施された後，宮城県で水揚げされたマダラの魚価は例年より低くなりました．たとえば，宮城県石巻では，震災前（2007年〜2010年）の12月のマダラ単価は平均して436円/kg

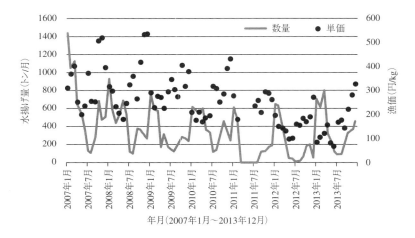

図7・10　石巻港のマダラの月別平均魚価（黒丸）および水揚げ量（実線）（宮城県，2014）

[注16] 出荷制限とその解除についての考え方は，農林水産省のホームページに説明がある．http://www.maff.go.jp/j/kanbo/joho/saigai/yasai_seisan_qa.html

でしたが, 震災後 (2011 年～ 2013 年) では平均して 287 円/kg でした. また, 青森県では操業自粛前 (2010 年, 2011 年) の 12 月のマダラ単価は平均して 494 円/kg でしたが, 操業自粛後 (2012 年, 2013 年) では平均して 285 円/kg でした. つまり, 宮城県および青森県で水揚げされたマダラの単価は, 価格が最も高騰する 12 月を震災前後で比較したところ, いずれも震災後は例年より 100 円/kg 以上, 下落していました.

3) 青森県マダラの場合

　福島からさらに離れた青森県でも, 2012 年 6 月 19 日より操業自粛を開始し, 7 月 25 日に一時的に操業を再開しましたが, その後基準値を超える漁獲物が出たために 8 月 9 日よりもう一度操業を自粛し, さらに 8 月 27 日からは国の指示によって出荷制限されました. 出荷制限は 2012 年 10 月 31 日に解除されました. 青森県のマダラも, 操業自粛後 (2012 年 6 月～ 2013 年 12 月), 平均して約 110 円/kg 安くなりました. 2012 年は操業自粛および出荷制限により水揚げ量も減りました. 水揚げ量については, 2013 年には復活しつつあるように見えます (図 7・11).

　このように, マダラの魚価はもともと, 季節とサイズに依存していると考えられます. 放射線影響は 2 つに分けて考えられます. 1 つは出荷制限, 操業自粛

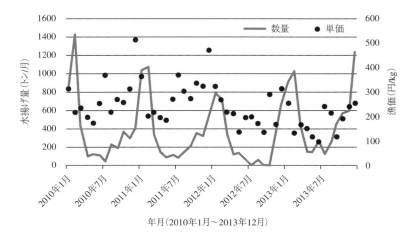

図 7・11　青森県のマダラの平均単価 (黒丸) および水揚げ量 (実線) [青森県 (2014) より作図]

などによる漁獲量の減少です．もう１つは，せっかくとれた魚が高く売れないという魚価の下落です．魚価と石巻港の水揚げ量の推移をみると，季節変動はあるものの，震災後の実際の単価は全体的に下回っているように見えます（図7・10）．魚価については，震災後（2011年7月〜2013年12月）に予測値より100円/kg以上低くなっていると考えられます（梶，未発表）．また，震災後の各月の実際の単価と予測値の差額と水揚げ量をそれぞれ掛け合わせ，合計したところ約8億円でした．これが震災後（2013年12月まで）の価格低迷による損失額と見積もられます．漁獲量については，操業や出荷ができない時期があったことが響いていることがうかがわれます．

　以上の結果から，石巻，青森のマダラ漁業は震災後の価格低迷により損失があったといえるでしょう．ただし，マダラの1kgあたりの魚価は大型魚の比率にも左右されるでしょう．また，震災後の加工・流通方法の変化が魚価に影響を与えている可能性もあるでしょう．したがって，魚価の減少のすべてが風評被害とは言い切れません．逆に，1kgあたりの魚価の高い大型魚が増えているならば，風評被害は上記以上の影響ともいえるかもしれません．さらに，操業できない時期があったことが「禁漁」と同じ資源保全効果をもつことも期待できます．したがって，今後は大型魚の比率を増やし，需要があれば漁獲量を増やすことができるかもしれません．

　なお，海産魚だけでなく，遊漁を含めた内水面漁業も大きな影響を受けています．震災直後よりも，放射性セシウム濃度が増えた淡水魚も多く，100Bq/kgという基準値は大きな足かせとなっています（図7・2）．遊漁については，釣っても食べずに放流するという条件で再開している例もあります．これも，チェルノブイリ事故以後の欧州の対応とは異なります．

7・4　リスクの許容水準と「選択の自由」

　人命への危険が高い場合には，人命は最も重要であり，選択の余地はありません．ストレスどころではないでしょう．しかし，現在問題にしている年間数十ミリシーベルトやそれ以下の被曝線量の場合には，避難生活や食べ物の制限などによるストレスのほうが問題かもしれません．ストレスは死に至らなくても負担になりますが，発がんリスクは，実際にがんにかからなければリスクは顕在化しないとも言えます．これは選択の問題です．楽観的な方にとっては，目

に見えない発がんリスクに不安を感じず，避難するストレスのほうが大いに問題でしょう．反対に，目に見えない発がんリスク自体に強くストレスを感じる人もいるでしょう．そのような方にとっては，低線量で被曝し続けることに対する不安は避難生活によるストレスがより大きなストレスとなるかもしれません．

　人命はお金に換えられないといわれます．環境経済学者の岡敏弘教授も，必ず死ぬ運命は，お金に換えられないと言っています．しかし，確率的な死のリスクは，実際にお金で評価されると言います（岡, 2012）．たとえば，夜行バスで旅行するとき，安いバスの運転手の労働条件がよくないことはほとんどの方が知っているでしょう．そのために時々事故は起きていますが，それでも，安いバスに乗る方はたくさんいます．このように，価格と安全性の違う商品を比べることができる場合には，確率的な生命の価値を経済学的に評価することができます．

　確実に死亡率が高い喫煙者と放射線被曝のリスクを比べることで，たとえば喫煙者と同居する受動喫煙のリスクを受容できるならば，どの程度の被曝線量まで受容できるかなどと議論することもできます．ただし，よく言われていることではありますが，これにはいくつか問題があります．まず，リスクには2つの意味の確からしさがあります．1つは死亡率そのものです．上記の確定的な死というのは，文字通りある行為をすれば必ず死ぬという意味です．もう一つはリスク評価自体の確からしさです．上記のように，1mSvの被曝によって新たに1,000人中5.7人ががんにかかるという数字は，それほど確かなものではなく，おそらくそれより少ないでしょう．つまり，リスク評価は「死ぬかもしれない」という確率を扱うというだけでなく，その数字の根拠が怪しいという，二重の不確実性があるのです．

　水産物の話に戻りましょう．福島の方にとっては，避難生活と放射線被曝がトレードオフの関係にあります．つまり，放射線被曝を避けるために不自由な避難生活を強いられました．しかし，多くの消費者にとって，福島産の農水産物を買わないことは，別のリスクやストレスを背負うものではないでしょう．ですから，どんなに低いリスクであっても，避けるほうがよいと思い，多くの消費者は福島産の農産物を買わないという選択肢を選ぶことになります．結果として，図7・10や図7・11の水産物と同様，福島産や茨城産の農産物は東京で安く売られていました．

1）選択の多様性

　放射線リスクを少しでも気にされる方は，福島近隣産を避けるかもしれません．価格の安い福島近隣産を買う消費者は，この程度の放射線リスクを気にしない人々なのかもしれません．しかし，もっと積極的な理由で福島産の農産物水産物を食べる人もいます．農林水産省は，震災後，「食べて被災地を応援しよう」という標語を掲げました．積極的にこれに呼応しようとする人々も大勢います．松田も，それより少し早く，2011 年 3 月 30 日から，「魚と野菜を食べて被災者を支援しよう！」と電子メールの署名欄に書き込むようにしました．当時は，その放射線被曝リスクが極めて低いとは断定できませんでしたが，専門家の計算により，喫煙者のリスクよりは低いと確信していました（岡, 2011）．リスクをできるだけ避けようとすることだけが，人間のあたりまえの行動ではありません．人を助けるために労力や費用，さらに自分の身を危険にさらす人はいくらでもいます．

図 7・12　「大地を守る会」の震災後の取り組み（2011 年 3 月 23 日）（大地を守る会, 2014）

2）より安心な食材を望む「選択の自由」

「大地を守る会」という有機農作物などを扱う宅配業者があります．彼らは震災後，500Bq/kg という暫定規制値より汚染度の低い食品を買いたいという消費者の需要にこたえて，「少しでも安心できる青果物をお届けしたい子供たちへの安心野菜セット」という商品を揃えました．

新たな基準値を作った後も，さらに低濃度の食品を求める需要は続きました．農水省は，2012 年 4 月，自主的な基準値に基づく商品を売らないように「指導」しました（農林水産省食料産業局，2012）．しかし，これは猛反発を浴び，当時の鹿野道彦農水相は「強制ではない」と釈明する事態になりました．

一定の基準は必要です．しかし，さらに低濃度を求める消費者の「選択の自由」を奪うべきではありません．情報が公開され，思想信条の自由を憲法で保障する民主主義国家では，それは不可能でしょう．このような強制は，かえって行政への不信を招くだけでしょう．科学者にも同じことが言えます．福島第一原発事故による一般消費者への放射線リスクが十分低いとしても，だから気にすべきではないとか，消費者の食品の選択を批判することは筋違いであり，逆効果でしょう．ただし，それはより「安全」な食品という意味ではありません．図 7・12 をよく見ると，「安心」と表記しています．ある専門家によると，この部分に「より安全」と書くのは不当表示にあたるだろうとのことでした．「大地を守る会」は，安全と安心の違いを理解したうえで，安全な食品ではなく，消費者が安心する商品を提供しようとしていることがうかがえます．

ここにも，論理のすれ違いがありました．安全性としては基準値を満たせば十分であるということと，さらに安心な商品を求める需要自体を否定することは別のことです．

3）福島の農漁家を食べて応援する自由

他方，逆の「選択の自由」もあります．「大地を守る会」には，東日本の被災地のための「食べて応援復興プロジェクト」のほかに，「福島と北関東の農家がんばろうセット」も用意されていました．彼らは契約農家をもっています．震災前は，有機農法など，環境と健康にやさしい農業を営んでいたのでしょう．政府が定めた基準値を超えていれば売ることはできませんが，そうでなければ，彼らにとって，契約農家は支援すべき仲間でしょう．

自然保護の根拠は，自分たちの生命と生活には自然の恵みが不可欠であると

いうことです．この自然の恵みは生物多様性条約[注17]では生態系サービスと呼ばれます．日本では，今の若い人でも，食事の前に手を合わせる人はそれなりにいます．いろいろな意味があるでしょうが，食べることができる境遇に感謝する，食材となった動植物に祈る，食事を提供してくれた農漁家や調理人に感謝する気持ちの表現のようです．しかし，私たちは多くの場合，自分たちの日常生活で食べる農水産物を誰がどこでどんな風に作っているかを知りません．自分たちが食べる家畜や魚の生きているときの姿を知りません．これは「リンクの切れた」状態であり，だから自然を粗末にする理由の1つもそこにあると言えます（鬼頭，1996）．原発事故が示す通り，今まで福島の食材をそれなりに食べていたのに，基準値よりはるかに低い放射性物質濃度でも，その農家の食材を避けることになりました．けれども，契約農家をもった産地直送の業者は，違う考えをもつでしょう．福島近隣の農漁家は被害者であり，加害者ではありません．農家が手塩にかけて育てた農産物を大事にしたいと思う気持ちは，契約農家とともに仕事をしてきた産直業者にしてみれば自然な感情です．リスクを避けるだけが選択の自由ではありません．リスクを承知の上で，福島の農漁家を支援するという選択の自由もありえるのです．

7・5　結語

震災直後はそれなりに食品からも内部被曝があると思っていましたが，実際には，私が考えていたよりさらにはるかに低い被曝量でした．チェルノブイリ原発事故の後には，それなりに高い内部被曝があり，子供の甲状腺癌も報告されました．しかし，福島では，①チェルノブイリ事故の経験から対策を学んでいたこと，②日本ではかつての公害で食べ物や水が大きな問題になったこと，③食品の規制が素早く，徹底的に行われたこと，④もともと地産地消が崩れていて，市場を通して買う生活スタイルが基本だったことによると考えられます（中西，2012）．

最後に，この章で述べた「論理のすれ違い」をまとめます．第1に，完全にブロックされていないからと言って，対策が奏功していないとは言えません．第

[注17]　生物多様性条約：Convention of Biological Diversity，CBD，生物の多様性に関する条約．国連環境計画が準備し，1992年に採択された条約．1. 生物多様性の保全，2. 生物多様性の構成要素の持続可能な利用，3. 遺伝資源の利用から生ずる利益の公正かつ衡平な配分を目的とする．

2 に，発がんリスクがそれなりに低く抑えられているからと言って，原発事故は避難問題も含めてたいしたことがないとは言えません．第 3 に，基準値を超えた魚があるからと言って，食べるべきでないほど危険とは限りません．第 4 に，科学的にわからないことがあるからと言って，わかっている部分まで信じるべきでないとは言えません．第 5 に，できるだけ安全を目指すからと言って，万一の過酷事故に備える必要がないとはいえません．第 6 に，原発事故が再臨界の危機を脱しているからと言って，原発事故が収束して事故前と同じ基準で生活や産業活動ができるとは言えません．最後に，安全性としては基準値を満たせば十分であるからと言って，さらに安心な商品を求める需要自体を否定することはできません．こうした「すれ違い」を認識しないままに議論を重ねていくと，議論が対立的になりがちで，生産的な合意が生まれず，必要かつ有効な対策が取れなくなります．建設的な議論のためには，科学的情報と同時に政治的・社会的問題を含めて問題を構造的・総合的にとらえる視点が重要です．

参考文献

青森県（2014）：青森県漁獲統計 http://www.pref.aomori.lg.jp/sangyo/agri/suisan_top.html

Committee to Assess Health Risks from Exposure to Low Levels of Ionizing Radiation; Board on Radiation Effects Research (BRER); Division on Earth and Life Studies (DELS); National Research Council(2006): Health risk from exposure to lower level of ionized radiation. BEIR VII Phase 2 The national academic press, Washington DC. P248 http://www.nap.edu/openbook.php?page=1&record_id=11340

大地を守る会（2014）：いま，私たちができること，大地を守る会の震災復興支援．http://www.daichi.or.jp/info/news/2011/0323_2686.html.

福島県（2014）：魚介類の放射線モニタリングの概要．http://www.pref.fukushima.lg.jp/sec/37380a/gyokai-monitoring.html.

福島県民健康管理センター（2014）：平成 26 年 3 月 11 日「報道ステーション」の報道内容についての 福島県立医科大学 放射線医学県民健康管理センターの見解．http://fukushima-mimamori.jp/

news/2014/03/000131.html.

原子力技術研究所　低線量放射線研究センター（2006）：低線量放射線生体影響評価，電中研レビュー，53. http://criepi.denken.or.jp/research/review/No53/

金澤一郎（2011）：日本学術会議会長談話放射線防護の対策を正しく理解するために．http://www.scj.go.jp/ja/info/kohyo/pdf/kohyo-21-d11.pdf.

神田穣太（2014）：放射性核種の海洋汚染への影響，エネルギー・資源，35，105-109

環境省総合環境政策局環境保健部（2014）：最近の甲状腺検査をめぐる報道について．http://www.env.go.jp/chemi/rhm/hodo_1403-1.htm.

鬼頭秀一（1996）：自然保護を問いなおす，筑摩書房，254pp.

コープふくしま（2012）：2012 年度上期の実際の食事に含まれる放射性物質測定調査結果．http://www.fukushima.coop/kagezen/2012.html.

宮城県（2014）：県内産地魚市場水揚概要．http://www.pref.miyagi.jp/soshiki/suishin/

mizuage.html.

中西準子（2012）：リスクと向きあう・福島原
　　発事故以後，中央公論新社，214pp.

農林水産省食料産業局（2012）：食品中の放射
　　性物質に係る自主検査における信頼でき
　　る分析等について．http://www.maff.go.jp/j/
　　press/shokusan/ryutu/pdf/kyoukucho.pdf.

岡　敏弘（2011）：放射線リスクへの対処を間
　　違えないために，生物科学，**63**，61-63.

岡　敏弘（2012）：食品中放射性物質規制への
　　費用便益分析の適用，保健物理，47(3)，
　　181-188.

水産総合研究センター・森林総合研究所・海
　　上技術安全研究所・東京大学生産技術研
　　究所・栃木県水産試験場（2013）：平成25

年度科学技術戦略推進費.

「重要政策課題への機動的対応の推進及び総合
　　科学技術会議における政策立案のための
　　調査」高濃度に放射性セシウムで汚染さ
　　れた魚類の汚染源・汚染経路の解明のた
　　めの緊急調査研究．http://www.fra.affrc.
　　go.jp/eq/Nuclear_accident_effects/senryaku_
　　summary.pdf.

山本祥一郎（2013）：淡水魚類の放射性物質の
　　取り込み状況，水産総合研究センター第
　　10回成果報告会，平成25年2月20日東
　　京都，イイノホール．https://www.fra.affrc.
　　go.jp/topics/250220/10thProgram_4.pdf.

あとがき

読者の方々へ

　本書の著者は，原発事故以来，各専門分野において実際に調査研究されている方々ですが，それぞれの専門分野は，植物生理，水圏環境化学，海洋学，魚類生理学，水産学，海洋物理学，水産経済学，生態学・環境学と多岐にわたっており，当然，現象を捉える視点や分析手法に違いがあって，当然，いくつかの問題については認識や意見の違いがあります．一つの本としてあまり矛盾があっては困りますから，その間の調整は編集者の仕事だと覚悟していました，しかし，編集作業において，そのような意見の調整が必要になる場合はほとんどありませんでした．問題になったのは，どこまでを明確な定説として書くかという，表現の問題のみでした．編集者としては，そのような違いがあった場合には，観察された事実については，事実については事実として可能な限り詳細に書く．その上で，それらの解釈については，わからないものはわからないとし，曖昧なものは曖昧なものとして表現するという方針で対応したつもりです．科学的定説とは，いまだに有効な反証をされていない一つの仮説にすぎないのだという態度に徹するならば，すべてが人知の及ばない闇の中にかき消されてしまい，合理的な判断などはあり得ないことになります．しかし，日常生活においても人は自らの経験を通して，事実を積み上げてその確からしさを確認しながら行動しています．これは理性的な行動です．だからこそ，経験したことのない事態に対すると判断に苦しむのです．経験的な事実を積み上げて判断しているという意味では，科学者も一般の人と変わりはありません，むしろ，一般の人よりも強く不確実性を意識しています．定説を唱えるにしても，理論を提唱するにしても，その判断の基盤になっているのは，過去から積み上げられてきた事実の集積です，この事実の積み上げに虚偽や誤りがあれば，過去に経験した事実に基づいて判断するということが，そもそもできないことになります，ですから，科学者には，提唱した理論や定説で誤りをすることは許されても，事実を捏造したり，ゆがめたりすることが許されないのです．

　水産学者としての編集者の立場からすれば，福島の漁業をどのように再開・再建するかが大きな関心事です．その再建の早さや，やり方については，今すぐ再開という意見から，できるだけ慎重に，場合によっては永久に再開するな

という意見まであり得ます．多様な意見の中で，政策が選択されなければならないのですが，どのようであるべきかという空疎な観念論ではなくて，経験した事実を積み上げて共有し，幅広い範囲の人がより少しの不満とより多くの納得を得られる合意を探すために，科学者からの情報を利用していただきたいと考えています．

執筆された方々へ

　突然の執筆依頼にもかかわらず，著者の先生方には快く執筆をお引き受けいただき，短い時間にもかかわらず，貴重な情報をご提供いただきました．正直に告白すれば，すでに定説化しているものと誤った認識を持っていたものも数多くあり，あらためて，専門家からの情報を広く集めて，これらをしっかりと整理しておくことの必要性を再認識いたしました．このことに編集者としても一読者としても深く感謝する次第です．依頼の時点では，「わかりやすく」書くということを意識する必要はないと申し上げたにもかかわらず，いただいた原稿の文章はすべてわかりやすく丁寧に書かれていました．ことさらに「わかりやすく」書くことを否定した意図は，科学的にあいまいな部分や，不確実性を含んだ議論を省略してしまうことにより，問題を単純化して対立的な議論を招いて，柔軟でより現実的かつ建設的な社会合意の形成を遅らせることを避けたいという思いがあったからですが，科学的によくわかっていない部分を含めて，詳細で丁寧な解説をしていただき，結果的に何がどのようにわかっているのか「わかりやすい」情報提供になったものと思います．

　東北地方，とりわけ福島の漁業の復興に関しては，政策レベルでも，個人レベルでも，どのように対応していくか，様々な判断が要求されることになるでしょう．こうした判断は，哲学，思想，政治を含むより広い問題であり，「科学」的視点のみでは対応できる問題ではありません．そうした認識からすれば，その出発点である「科学」は，恣意的に誤用されることなく，それぞれの立場からの議論の共通のベースとして機能しなければならないでしょう．本書がそのような目的で読者の方々に活用されたとき，実学としての水産学が社会的な有用性を発揮することになると考えています．

最後に

本書の編集者にご推薦いただいた元東京大学農学生命科学研究科研究科長・

元社団法人日本水産学会会長・會田勝美先生に感謝申し上げます，3年前にできなかったことに再度挑戦する機会を与えていただいたという思いです，また，出版の機会を与えていただいた恒星社厚生閣と担当された小浴正博氏に感謝申し上げます，大変，勉強になりました，

　　2014年8月

黒倉　寿

索　引

水圏の放射能汚染　福島の水産業復興をめざして

2015 年 2 月 25 日　初版発行

（定価はカバーに表示）

編　者　黒倉　寿ⓒ

発行者　片　岡　一　成

発行所　　株式会社**恒星社厚生閣**

〒 160-0008　東京都新宿区三栄町 8
Tel　03-3359-7371　Fax　03-3359-7375
http://www.kouseisha.com/

印刷・製本：シナノ

ＩＳＢＮ978-4-7699-1484-6　Ｃ1062